イザというとき、命を守るために！

～危機管理・防災のあり方～

青 木 信 之

近代消防社 刊

はじめに

震度7の地震が二度続けて起こった、あの熊本地震から一年経った平成29年（2017年）4月14日、熊本県庁において、熊本地震の追悼式がしめやかに行われた。

この追悼式冒頭の蒲島熊本県知事の式辞は、「熊本では地震が起きないとの過信があった。」という言葉で始まった。私もこの追悼式に出席していたが、なぜ知事が、あえて「過信があった」という言葉を使ったのかを考えていた。

震度7の地震というのは想定しうる最も揺れが大きい地震である。この震度7の地震が二度続けて起こったのである。どこで同じことが起こっても大変な状況になることは間違いない。県外から応援に駆け付けた消防、警察、自衛隊が一体となって救助にあたり、避難している住民の方々の対策や復旧は、国をあげてプッシュ型で行われた。熊本県、被災した熊本県下の市町村も、それぞれ最大限の対応をしたと思う。発災後最大限の対応をしたのは間違いないが、時間が経って考えてみると、大地震が起きることを明確に想定して訓練をしていれば、もう少しやれたことがあったのではないか。極めてまじめなご性格の蒲島知事のそうした思いが「過信があった」という言葉になったのかもしれない。

日本は地震大国である。東日本大震災のことは誰も忘れることはできない。3月になれば我が国の国民は皆被災地のこと、あの時のことを考える。豪雨災害も後を絶たない。表0－1は

写真０－１　平成28年熊本地震

平成28年（２０１６年）４月の熊本地震から平成30年（２０１８年）９月の北海道胆振東部地震までの主な自然災害を一覧にしたものだが、この間だけでも大きな自然災害が続けて起きている。公益財団法人日本漢字能力検定協会が毎年公募により選ぶ平成30年（２０１８年）の漢字は「災」であった。清水寺の森貫主が揮毫している映像を見て、最近起きた災害のことを思い出された方も多いと思う。

大きな災害が起きれば応援部隊を派遣する。この応援部隊の活動も含め、災害対応を検証するなかで、被災した地域の市町村長さんのお話を伺うことになる。災害が起きれば、市町村長は厳しい状況のなかで災害

表０－１　最近の主な自然災害

発生年月日	災害内容	災害の概要	被害の概要
平成28年（2016年）４月14日㈭、16日㈯	平成28年熊本地震	（14日）最大震度７：熊本県益城町 （16日）最大震度７：熊本県益城町、西原村	・死者272名（地震そのものでは50名） ・全壊8,668棟
平成28年（2016年）８月29日㈪～30日㈫	台風10号による被害	北海道及び東北地方各地で河川が氾濫（岩手県岩泉町で大きな被害）	・死者26名、行方不明者３名 ・全壊518棟
平成28年（2016年）10月21日㈮	鳥取県中部を震源とする地震	最大震度６弱：鳥取県倉吉市、湯梨浜町、北栄町	・重傷９名 ・全壊18棟
平成29年（2017年）７月５日㈬～６日㈭	平成29年７月九州北部豪雨	九州北部地方で、記録的な大雨（福岡県朝倉市等で大きな被害）	・死者42名、行方不明者２名 ・全壊338棟
平成29年（2017年）10月23日㈪	台風21号による被害	西日本と東日本、東北地方の広い範囲で大雨	・死者８名 ・全壊13棟
平成30年（2018年）６月18日㈪	大阪府北部を震源とする地震	最大震度６弱：大阪市北区、高槻市、茨木市、箕面市、枚方市	・死者６名 ・全壊21棟
平成30年（2018年）７月６日㈮～７日㈯	平成30年７月豪雨	西日本を中心に広範囲に大雨。岡山県、広島県、愛媛県等に大きな被害	・死者237名、行方不明者８名 ・全壊6,767棟
平成30年（2018年）９月６日㈭	平成30年北海道胆振東部地震	最大震度７：厚真町 震度６強：安平町、むかわ町	・死者42名 ・全壊462棟

対応に必死に取り組む。お話を伺うと、やれることは全部やったという、ある意味での充足感を感じることも多い一方で、時間が経って振り返ってみると、事前にこういう取り組みをしていればという悔しさをにじませる方も少なくない。

自然災害は起きることを防ぐことはほぼできない。地震が起きたときには、いかに迅速に対応し、関係者が協力して被害をいかに小さくできるか、豪雨に見舞われたときには、事前の避難等により、いかに人的被害を小さくできるかが勝負

表０－２　最近の主な火災等

発生年月日	内容	概要	被害の概要
平成28年（2016年）12月22日㈭（発生　22日10時20分頃　鎮火　23日16時30分）	糸魚川市大規模火災	・新潟県糸魚川市、糸魚川駅北側に位置する木造建築密集地域の飲食店より出火 ・強風により複数箇所に飛び火が発生するなど広範囲に延焼拡大	・焼損棟数147棟 ・焼損床面積　30,412㎡ ・負傷者17名（うち消防団員15名）
平成29年（2017年）２月16日㈭（覚知　16日９時14分　鎮火　28日17時00分）	埼玉県三芳町倉庫火災	・埼玉県三芳町の大規模倉庫で出火 ・約12日間という長期間にわたって大規模に延焼	・焼損床面積約45,000㎡（調査中） ・負傷者２名（重傷１名、軽傷１名）
平成29年（2017年）３月５日㈰（15時12分頃（長野県警ヘリ確認）15時21分頃（消防庁覚知））	長野県消防防災ヘリの墜落事故	・長野県松本市鉢伏山山中（松本市と岡谷市の境界付近） ・訓練フライト中に墜落	・搭乗者（９名全員死亡）操縦士１名、整備士１名、消防隊員７名）
平成29年（2017年）４月29日㈯（覚知　４月29日16時24分　鎮火　５月10日15時05分）	福島県浪江町林野火災	・福島県浪江町にある十万山で発生 ・地上部隊は、個人警報線量計や防護マスクなどの防護措置を実施	・焼損面積　74.8ヘクタール
平成29年（2017年）５月８日㈪（覚知　８日11時56分　鎮火　22日15時00分）	岩手県釜石市林野火災	・岩手県釜石市の山林で発生 ・鎮火まで15日間	・焼損面積　413ヘクタール
平成30年（2018年）８月10日㈮（12時30分頃（消防庁覚知）14時30分頃（埼玉県防災ヘリ発見））	群馬県防災ヘリの墜落事故	・群馬県吾妻郡中之条町の山中（横手山付近） ・「ぐんま県境稜線トレイル」全線開通に伴う山岳遭難の発生に備えた危険箇所の確認等の地形習熟訓練中に墜落	・搭乗者（９名全員死亡）操縦士１名、整備士１名、航空隊員２名、消防本部職員５名）

である。

また、表０－２のような大きな火災や事故も起きている。自然災害に起因しない火災は、なんらかのミスが原因であり、本来防げるはずであるが、このうっかりミスを完全になくすことも、人間が人間である以上難しい。「火事は最初の５分」の言葉のとおり、初期段階で消火できない場合、相当に被害が拡大することがありうる。強風下でのあの糸魚川市大規模市街地火災は、関係者に大きな衝撃を与えた。

地震が起きた時、豪雨に見舞われたとき、いかにして被害を小さくするか。そのために平常時から取り組んでおくべきことは何か。火災や事故を起こさないように、何に気をつけておくべきか。そうしたことも含めて、危機管理全般について、いかなる姿勢で臨むべきか。最近の災害事例を振り返り、そのあるべき姿を考えてみたい。

第１章　地震災害

1　地震はどこでも起きる

私は関東育ちである。大地震には遭遇したことはないが、夜中に地震で目が覚めるということは日常茶飯事だった。役所に入り、長崎県庁に赴任してみると地震がほとんどないというのが率直な印象だった。霞が関に戻り結婚して大分県に赴任したが、やはり地震がほとんどない。熊本県の人が大きな地震は起きないのではないかと思うのはある意味自然だとも思う。

関西も関東と比べれば地震が少ない。皆がそう思っているなかで、平成7年（１９９５年）１月17日㈫の阪神・淡路大震災が起きた。よく考えてみると、体に感じる地震が少ないから大きな地震が起きる可能性が低いことになるとは言い切れない。小さな地震によりエネルギーが放出されない分大きな地震が起きる可能性が高いという解釈も成り立つかもしれない。

人間は日々の日常からものを考える。したがって経験していないことは、多分そうは起きないと考えがちになる。そこに盲点もある。

振り返ってみると、約４００年前の１６１１年、同じ別府島原構造線沿いに、かなり大規模な地震があったことが知られている。熊本のシンボルである熊本城の築城はその前である。熊本城は加藤清正により築城

写真１－１　熊本城の城壁

された名城であるが、その城壁の武者返しはあまりに有名である。上に行けば行くほど垂直に近くなり、侵入者が登るのは困難を極める。そこで武者返しと呼ばれているわけだが、実はこの武者返しという構造が地震対策にもなっているという学者の研究が、ＮＨＫで報道された。この城壁の形状が物理的にも地震の揺れに対し強く崩れにくくしているというのである。１５９６年に慶長伏見の地震（活断層による直下型地震）、１６０５年に南海トラフを震源とする慶長地震（プレート型の地震）が起きていることからすると、加藤清正が地震対策を考慮したことも十分に考えられる。いざというときに備えておこうという先人の姿勢、学ぶべきものがある。

熊本地震は活断層による地震である。別府島原構造線沿いに幾重にも活断層が走っているが、4月14日の地震は日奈久断層帯によるものであり、16日の地震は布田川断層帯によるものである。多くの学者の知見を生かし、政府の地震調査委員会は、我が国の活断層の状況を公表している。その活断層を地図に示したのが図１－１である。こうした情報がある以上は、活断層の近くにおいては地震対策をしっかり考えておく必要がある。

ただし、いくら科学的知見を集めても限度があることにも留意する必要がある。平成28年10月の鳥取県中部地震は活断層によるものであるとされているが、この地震後、地震調査委員会は、「これまで知られていない長さ10キロ以上の断層がずれて起きた」とする見解を示した。公表されている活断層が近くにない場合は安心していいということにはならないのである。

結局どうすればいいか。それは、地震は我が国のどこにでも起きる、そう思って必要な準備をしておかなければならないということである。

地震は突然起きる。数秒前に

図１－１　我が国の主要活断層帯の分布

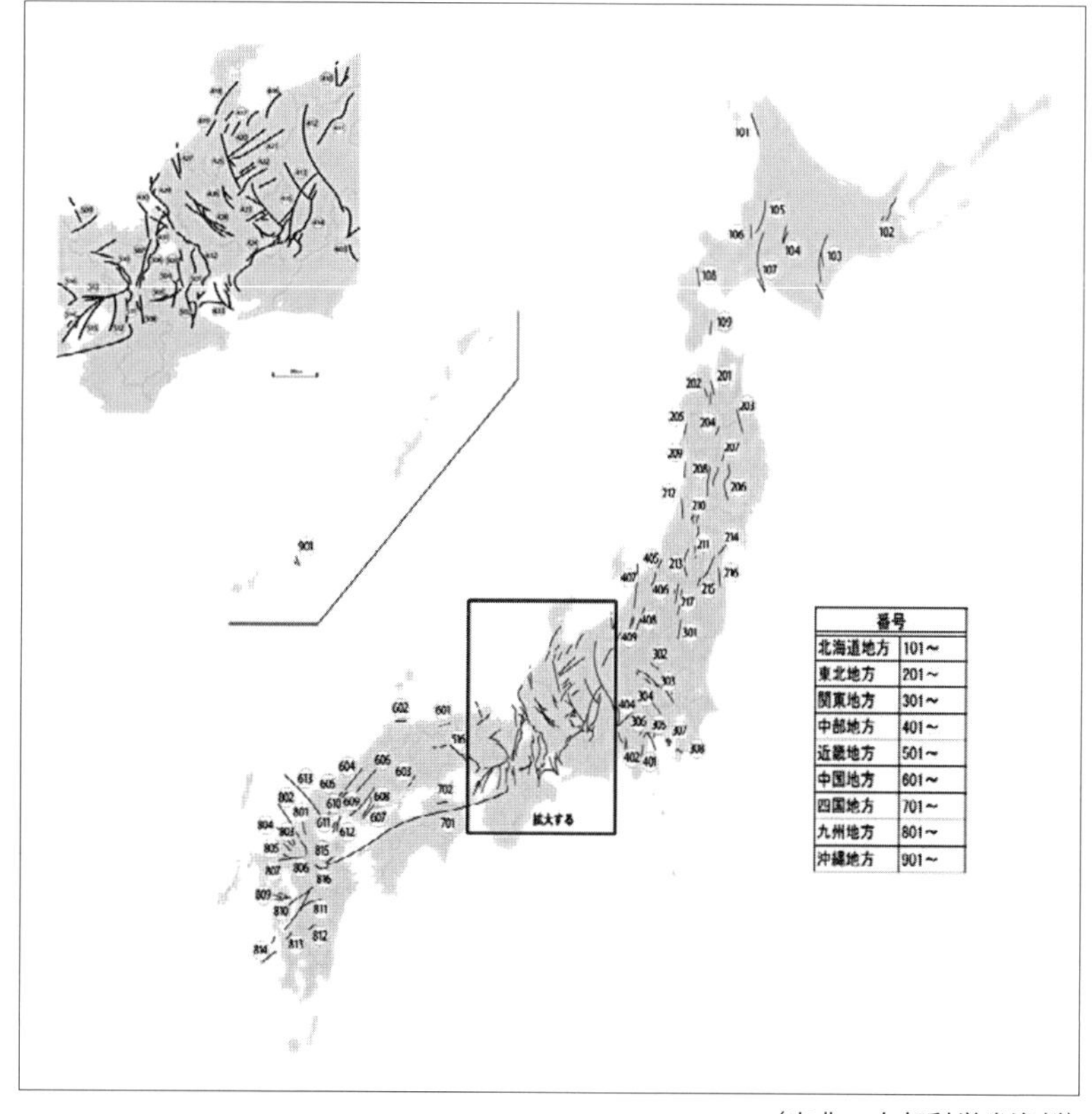

（出典：文部科学省資料）

緊急地震速報により情報を得ることはできるが、机の下に身を隠す、車を止めるといった安全確保しかできない。家屋が倒壊すれば早期に救助しなければならない。火災にも対処しなければならない。それも余震が続く中で。従って事前の備えが極めて重要となる。我が国では地震はどこでも起きることを前提に、いつ地震が起きても対応できるように準備しておくことが求められる。

2 熊本地震を振り返って

(1) 熊本地震の概要と地震調査委員会の評価

平成28年（2016年）4月、震度7の地震が二度続けて起きるというこれまでにない地震が熊本で起きた。平成28年（2016年）4月14日㈮21時26分、マグニチュード6・5、最大震度7（益城町）の地震が発生し、16日㈰1時25分マグニチュード7・3最大震度7（益城町、西原村）の地震が発生した。

同じ震度7であるが、地元の方々は16日の地震の揺れの方がはるかに大きかったと、異口同音に言われていた。震度7以上の震度の設定をしていないので計測上は同じ震度7となるが、仮に震度7強なる震度設定があれば、16日の地震は7強なのではないかという方もおられた。14日の地震で持ちこたえていた家屋も16日の地震ではかなり倒壊した。道路、電気、通信設備等のインフラ施設にも多大な被害が生じるとともに、南阿蘇村では、地震の影響により発生した土砂災害により甚大な被害が発生した。

ただ、14日の地震で避難所に避難していた多くの住民の方々は、難を逃れることができた。もし、14日の地震と16日の地震が逆に起きたらどんな被害であっただろうか。背筋が凍る思いである。272名の尊い命が奪われた熊本地震であるが、地震そのもので亡くなられた方は50名。大変な被害を被ったが、ある意味幸運であった部分もある。また、16日の地震でイオンモールの天井が落ちたが、未明の1時25分でなく昼の1時25分であったなら、16日の地震が、住民の方々が活動している時間帯で起きたなら、人的被害はもっと大きかった可能性がある。

政府の地震調査委員会によると、14日の地震は、「日奈久断層帯（高野－白旗区間）」（図1－2）が活動したものとみられるとしている。地震調査委員会の事前の評価では、こ

図1－2　布田川断層帯と日奈久断層帯

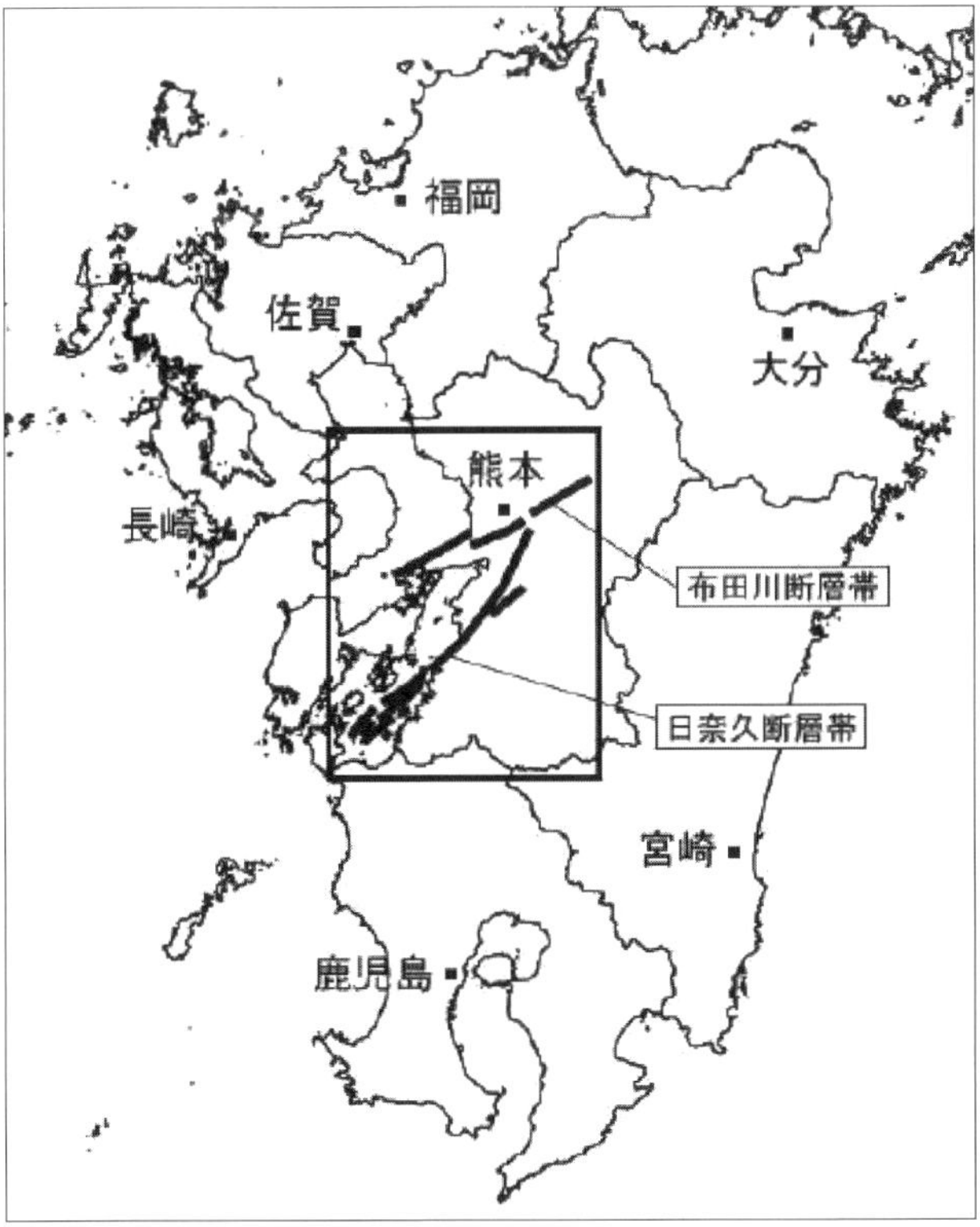

の断層帯ではマグニチュード6・8程度の地震が発生すると推定され、平均活動間隔が明らかでないため、30年以内の発生確率は不明とし、日奈久断層帯（高野―白旗区間）に引き続く日奈久断層帯（日奈久区間）については、マグニチュード7・5程度の地震が発生すると推定され、30年以内の発生確率は「ほぼ0%～6%」としていた。

また、16日の地震は、「布田川断層帯（布田川区間）」図1－2が活動したものとみられるとしている。地震調査委員会の事前の評価では、この断層帯については、マグニチュード7・0程度の地震が発生すると推定され、30年以内の発生確率は「ほぼ0%～0・9%」としていた。ただし、日奈久断層帯全体が同時に活動する可能性も否定できない、さらに、日奈久断層帯の全体及び布田川断層帯の布田川区間が同時に活動する可能性もあるとしていた。

地震調査委員会の評価のとおりに地震が起きたわけではないが、二つの地震が起きてみると、地震調査委員会の評価は、少なくとも貴重な情報を提供していたといえる。

（2）西原村の奇跡

この地震調査委員会の評価を念頭において地道な訓練を行っていたのが西原村である。西原村は阿蘇外輪山の西麓に位置し、熊本空港からも近い人口約6、500人の村である。空港が近いこともあり工業団地もあるが、農地が多い地域である。この西原村においては、消防団を中心に1年おきに活断層による地震を想定した訓練を積み重ねており、地震の前年においても、倒壊家屋の屋根をチェーンソーで切って閉じ込められた人を救助する訓練や警察犬による捜索、さらには2、700人が参加した避難訓練を行っていた。

日置村長から丁寧にお話を伺ったが、この訓練の成果は相当のものであった。余震のなか倒壊した家屋から被災者を救助する際には、余震により自らが挟まれてしまう危険を避けるためにも、上からのアプローチが重要となるが、そのことが徹底されていた。地域の連帯が強いことから、それぞれの家の家族構成、寝室まで知っていたことが迅速な救助につながったと言っておられた。確かに現場を見ると、倒壊した家屋の屋根の切り跡は一か所にとどまっている家屋が多かった。

26世帯が住む大切畑地区では、34棟中30棟が全壊し９人が生き埋めになったが、消防団及び地域の住民の方々の活動により、３時間以内に全員が救出された。西原村で多くの家屋が倒壊したなかにあって死者が５名にとどまったのは、やはり奇跡としかいいようがない。

防災マップには活断層の位置を詳しく示し、活断層の上に住んでいることを住民に十分に意識してもらい、その上で消防団長も経験していた村長のリーダーシップにより訓練を積んでいたことが住民の命を守ることにつながった。

(3)　消防機関の活動

幸い大規模な火災は生じなかったが、各消防機関は、地震によって発生した火災への消火活動、県内随所で発生した建物倒壊による閉じ込め事故や土砂災害による生き埋め事故での捜索を含む救助活動に必死に取り組むことになった。

地元消防本部、消防団、県内応援隊、各県から派遣された緊急消防援助隊（注１－１）が協力して活動した。緊急消防援助隊については、14日の地震後九州を中心に10県から、16日の地震後は、さらに10都道府県

写真１－２　熊本地震における消防機関の活動

熊本県庁

高野台

から派遣され、ピーク時は2、１００名に及んだ。地元消防本部約９７０名、消防団約１４、０００名、県内応援消防本部約１００名と協力しての活動を行うことになった。

益城町では、4月14日の地震により火災が発生したが、消防団が消防署と連携し、地震により消火栓が使えないなか、近隣の防火水槽の水を使用し、延焼を阻止した。また、同じ益城町において、15日未明、倒壊した家屋のなかから、余震による危険もある状況下で、熊本市消防局特別救助隊により生後８か月の乳児が救出されたことは、大きな感動をもたらした。こうした倒壊した建物からの救助のみならず、航空隊が孤立した地域の住民の救助を行うなど、消防機関全体で３６３名を救助した。また救助された住民の方々のみならず、避難所等における傷病者や、病院機能の維持が難しくなった病院の入院患者の搬送を含め、２、２４１名が救急搬送された。

（注1－1）緊急消防援助隊：地震、水害等の非常事態において、被災地の知事から要請があった場合や要請を待ついとまがないと認められる場合等において消防庁長官の「求め」に応じて、又は「指示」（指示によるのは東日本大震災と平成30年7月豪雨のみ）によって被災地に派遣される全国的な消防の応援の制度（消防組織法第44条）。

（4）避難施設、活動拠点、庁舎の耐震化

14日の地震の被害は限定的であったが、多くの住民は避難する必要があった。余震が続き不安を抱えるなか、車中等に避難する住民も多かったが、まだ肌寒い時期でもあり、安全性が高い施設への避難が求められた。

避難所に指定されていた益城町の総合体育館のメインアリーナは、14日の地震で天井のパネルの一部が落下する被害があったが、多くの住民がこの総合体育館に押しかけた。なぜ中に入れないのかとの声もあったが、余震もある中、町職員は開放しなかった。16日の地震ではすべてのパネルが落下することとなり、職員の判断が住民の命を守ることにつながった。地震後にこの体育館の状況を見た西村益城町長は「背筋が凍り付いた」と述べている。

緊急消防援助隊は被災地から近い熊本県消防学校に宿営した。15日の未明から救助活動を行い、消防学校の体育館において宿営するか迷ったものの、天井の一部が破損している状況を踏まえ、テントに宿営した。16日の地震で天井がすべて落下したが、事なきを得た。もう少し寒い時期であれば体育館における宿営を選択した可能性があることを頭に置くと、改めて安全第一の立場で判断することの重要性を思い知らされた。

熊本県内の5市町（八代市、人吉市、宇土市、大津町及び益城町）で、災害対策の拠点となる庁舎が損壊し、その機能を移転せざるを得ず、被災者支援などの応急対策業務にも支障が生じた。このうち耐震化がされていたのは益城町のみ、庁舎が被災した場合の業務継続計画が策定されていたのは、八代市と大津町のみであった。

宇土市では、住家の被害はそれほど大規模ではなかったが、市の本庁舎本館の4階と5階部分がつぶれ、本館が別館に倒れ掛かり、どちらも業務上使えなかった。元松宇土市長は、「被災している市民の対策を講じなければならないときに庁舎が使えず不十分な対応にならざるをえないことほど悔しいことはない。」と言われていた。

地震が起きればエレベーターは停止する。熊本県庁では高層階に設置された災害対策本部への往来に支障が生じた。熊本市では、災害対策機能が3つの階に分かれており、大西市長はその対応に苦労したと言われていた。

庁舎は自らの施設であることから、その耐震化はほかの施設より後回しになることが多い。また、その機能強化についても、ぜいたくとの批判を常に意識しなければならない。しかし、防災拠点等となる場合には、耐震化はもちろんのこと、情報の収集・共有を迅速に行い、的確に指示を行うための設備が必要となる。災害対策の拠点となる庁舎の耐震改修や防災情報システムの整備等については、平成23年度に創設した緊急防災・減災事業債（注1－2）の対象事業として支援している。さらに未耐震の市町村の本庁舎の建替えについても、平成29年度に創設した公共施設等適正管理推進事業債（市町村役場機能緊急保全事業）（注1－3）の対象事業として支援しており、庁舎の整備についても、一定の場合必要な部分に、地方の共通財源である地方交付税による措置を行うという、思い切った財政措置が講じられている。各地方団体の積極的な取組を期待したい。

（注1－2）緊急防災・減災事業債：防災対策事業のうち、全国的に緊急に実施する必要性が高く、即効性のある防災・減災

のための地方単独事業等を対象とする充当率１００％、交付税算入率70％の地方債。

（注１－３）公共施設等適正管理推進事業債：公共施設等の適正管理を推進するための地方単独での長寿命化事業等を対象とする地方債であり、市町村役場機能緊急保全事業は充当率90％、交付税算入率22・５％。

（５）消防団等の活動の重要性

地震が起きた場合、火災が起きれば早期の消火、さらには倒壊した建物等に閉じ込められた住民の早期救助が、まずもって重要な課題となる。特に町村部においては、常備消防の到着に時間がかかることが当初から想定される。それだけに消防団の役割が重要となる。益城町での消火、西原村での救助は、消防団員が主体であったが、熊本地震における消防団の活躍には目を見張るものがある。

救助活動のみならず、地域住民の安否確認、避難の呼びかけと誘導、14日の地震の後のガスの元栓や電気ブレーカーの遮断の呼びかけ、余震が続く中での避難所の運営、避難しているために人がいない住宅地における警ら活動など、消防団が頼りにされた。

熊本県は、全国でも最も消防団がしっかりしている地域の一つである。人口１、０００人に対し消防団員19人である。しかし、例えば、東京・埼玉・神奈川は人口１、０００人に対し消防団員２人にすぎない。そうした地域においては、自治会等の自主防災組織の強化を図るなどいかに地域における協力体制を作るかが大きな課題である。

3 発生が懸念される大地震

我が国は地震大国である。世界中で発生するマグニチュード6以上の地震の約2割が我が国において発生している。

図1－1で示したように、活断層も全国に存在しているし、知られていない活断層もある。この活断層による地震にも留意が必要だが、最も警戒すべきは、東日本大震災のようなプレート型の地震である。日本列島は4つのプレートに囲まれているが、太平洋側から列島の下にフィリピン海プレート及び太平洋プレートが年間数センチほど沈み込む運動が続いている。この運動が続く以上、いずれかの時点で、エネルギーを放出せざるをえないわけであり、したがって一定の期間ごとにプレート型の地震が起きることは、いわば必然なのである。

プレートの状況は図1－3のとおりであるが、政府として最も警戒しているのが、南海トラフによる地震である。

（1） 南海トラフ地震

南海トラフとは、駿河湾から遠州灘、熊野灘、紀伊半島の南側の海域及び土佐湾を経て日向灘沖までのフィリピン海プレート及びユーラシアプレートが接する海底の溝状の地形を形成する区域である。極めて広い

図１－３　発生が懸念される大規模地震

図1－4　これまで発生した南海トラフによる地震

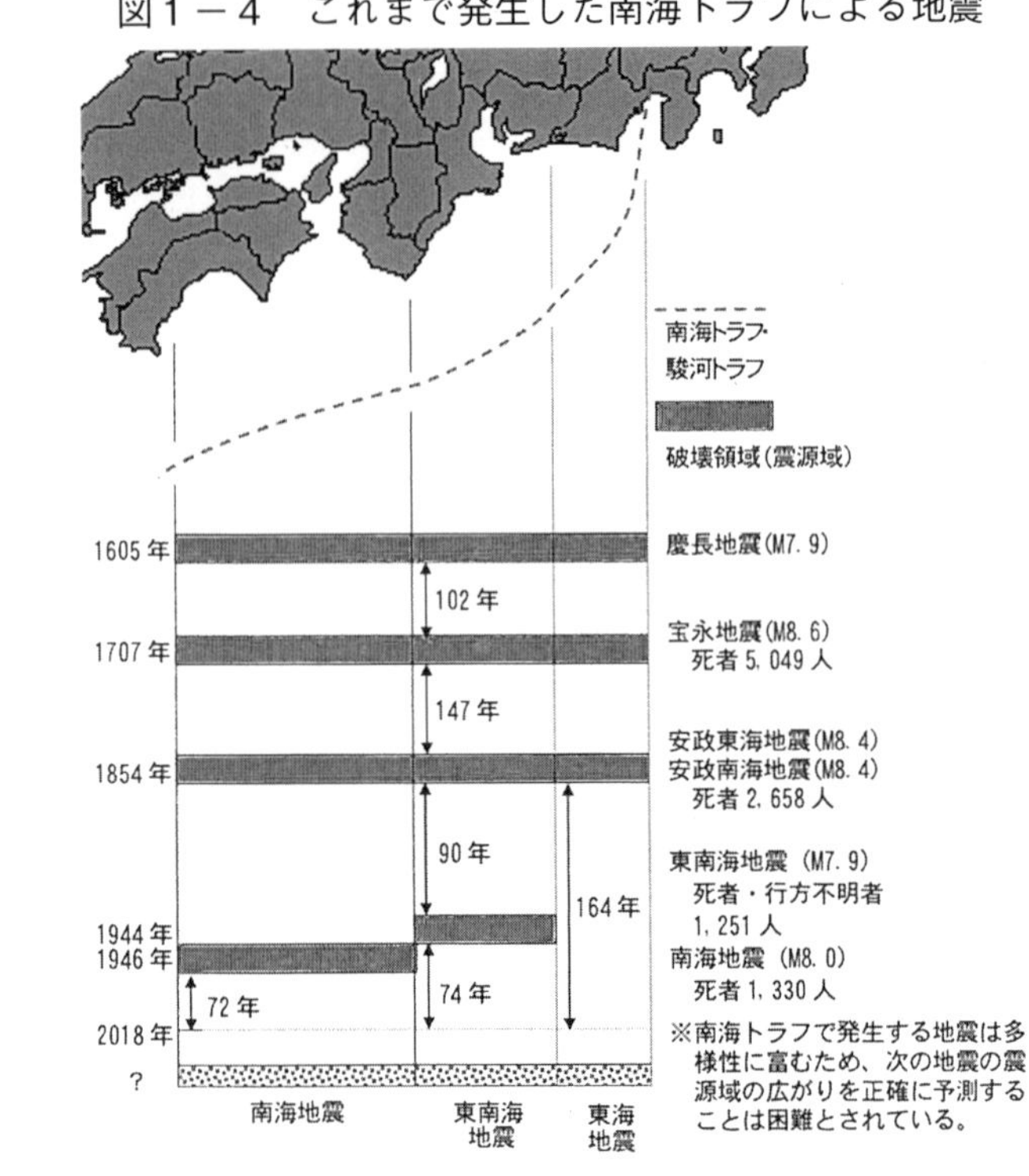

区域である。

この南海トラフ沿いの地域では、ここを震源域として100年から150年間隔で大規模な地震が繰り返し発生している。近年では、昭和19年（1944年）に昭和東南海地震、昭和21年（1946年）に昭和南海地震が発生している。東海地震の区域については、発生から160年が経過し、東南海・南海地震の区域については、発生から70年余が経過していることから、今世紀前半にも発生が懸念されているものである。地震調査委員会は、平成25年時点で、今後30年以内に、マグニチュード8～マグニチュード9クラスの南海トラフ地震が発生する確率は70％以上としていた。

平成14年に公布された「南海トラフ地震に係る地震防災対策の推進に関する特別措置法」に基づき「南海トラフ地震防災対策推進地域」（1都2府26県707市町村（平成29年4月1日現在））を指定するとともに、

写真１－３　避難タワー（高知県黒潮町）

推進地域のうち津波避難対策を特別に強化すべき「南海トラフ地震津波避難対策特別強化地域」（１都13県１３９市町村（平成29年４月１日現在））の指定を行い、対策の強化を図っている。

懸念される南海トラフ地震が起きた場合、①極めて広域にわたり強い揺れと巨大な津波が発生する、②津波の到達時間が極めて短い地域が存在する、③時間差をおいて複数の巨大地震が発生する可能性がある、とされており、被害は広域かつ甚大なものとなることが想定される。震源がどこかによって被害の場所・規模は異なるが、政府の想定では、最悪の場合、死者は32万３千人、東日本大震災の17倍に及ぶとされている。

消防庁としても、南海トラフ地震が起きることを想定し、緊急消防援助隊の運用方針である「南海トラフ地震における緊急消防援助

図１－５　この400年間の南関東における大規模な地震

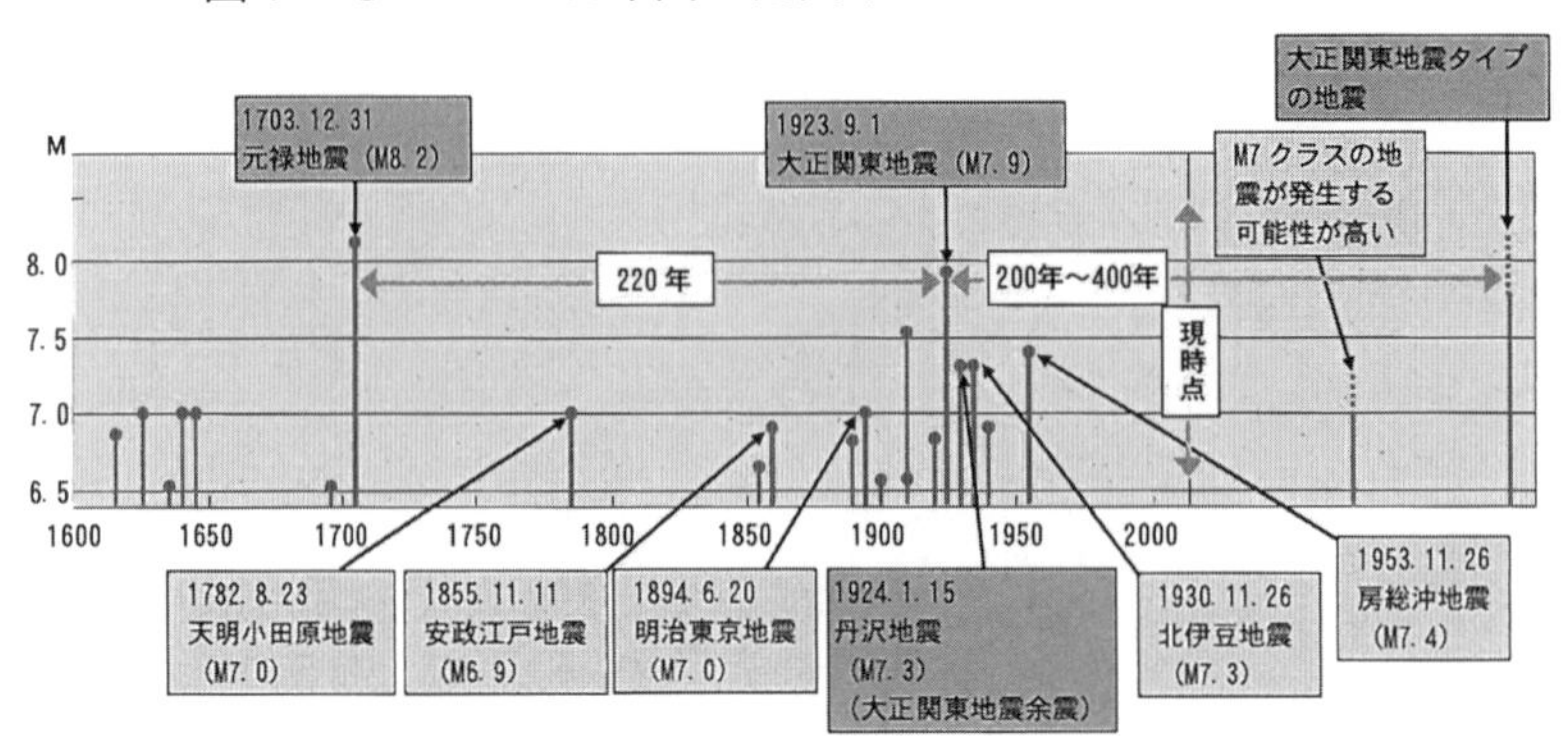

隊アクションプラン」を策定し、対応の強化を図っている。政府の計画では、最大で１・９万人の派遣を行うことを想定している。消防吏員全体16万人が一定のインターバルで交替することを想定すれば、全国の消防吏員のうちかなりの人員が応援に向かうこととなる。さらに警察は最大で１・６万人、自衛隊は最大で11万人の派遣が想定されている。また、医療、水・食料等の物資の供給、エネルギーの供給等についても計画に位置付けられている。

このように、いざ地震が起きた際に備え、政府を挙げての具体的な対応が定められているわけであるが、道路や鉄道が寸断されることが予想されるなかで、広域にわたり各地域における応急体制を確保するには、一定の時間を要さざるを得ない。それだけに、まずそれぞれの地域における取組が重要となる。住民の方々におかれては、平時においては、避難場所の確認、一人当たり最低３日分の水・食料の備蓄、感震ブレーカーの設置などの各戸における安全対策、発災時においては、地震の揺れから身を守り、津波からの避難、共助による避難が重要となる。

特に津波による被害が想定される地域においては、短時間で高台や避難タワー等への避難が必要となる。特に地域によっては、東日本大震災よりも津波到達時間がかなり短いことも想定し、ハード面・ソフト面の取組が進められているが、いずれ必ず起きることを前提にした取組が求められる。

（２）首都直下地震

関東では地震が多い。その理由は図１－３の日本をとりまく４つのプレートが関東周辺の地下で複数接しているためである。図１－５のように、過去にも、マグニチュード７クラスの地震や相模トラフによるマグニチュード８クラスの大規模な地震が発生している。

首都地域は、人口や建築物が密集するとともに、我が国の政治・行政・経済等の中枢機能が集積している地域であり、大規模な地震が発生した場合には人口が集中しているだけに被害が甚大となり、首都中枢機能の維持が極めて大きな課題となる。

そこで、平成25年に公布された「首都直下地震対策特別措置法」に基づき、緊急に地震防災対策を推進する必要がある地域を「首都直下地震緊急対策区域」として１都９県３０９市町村（平成29年４月１日現在）を指定し、首都中枢機能の維持及び滞在者等の安全確保を図るべき「首都中枢機能維持基盤整備等地区」として千代田区、中央区、港区、新宿区（平成29年４月１日現在）を指定し、必要な計画の策定を行っている。

消防庁としても、平成29年３月に「首都直下地震における緊急消防援助隊アクションプラン」を策定し、対応の強化を図っている。政府の計画では、１都３県に、最大１・６万人の派遣が想定されている。また、警察は、最大１・４万人、自衛隊は最大11万人の派遣が想定されている。医療、物資の供給、エネルギーの供給等についても計画に位置付けられている。近年、外環道、圏央道の整備が進んだが、いざという際の応援部隊の派遣、物資等の供給という観点からみても重要な意味を持っている。

関東大震災は、台風一過の強風下で昼食時に起きたため、火災による甚大な被害をもたらしたが、東京においては、例えば環状6号線と環状7号線の間に木造家屋が密集している地域がある。それらの脆弱な地域をいかに守るかも重要な課題である。

また、東日本大震災の際にも経験した帰宅困難者等の対策についても計画に位置付けられている。自宅が遠距離にある等の理由により帰宅困難となる人は490万人に上ると推定されている。一斉に帰宅しようとすれば混乱は避けられないことから、一斉帰宅を抑制することや一時滞在施設等の活用のため、帰宅困難者に適切な情報を提供していくこととしている。

大都市において大きな地震への備えが必要なことは、首都圏に限ったことではない。平成30年（2018年）6月18日㈪に発生した大阪府北部を震源とするマグニチュード6・1、最大震度6弱の地震は、人口が密集している大都市部における課題を浮き彫りにした。平成7年（1995年）1月の阪神・淡路大震災ののち、国内で最大震度6弱を記録した地震は、この大阪府北部地震を含めて20回あるが、そのうち死者6名（平成31年2月12日現在）は他の1つの地震と並んで最も多い。高槻市の小学3年生の女の子が、倒壊したプールのブロック塀の下敷きになって亡くなるという痛ましい事故もあった。また、この地震により、一時17万戸以上が停電、11万2千戸の都市ガスや4府県の水道に支障が生じた。鉄道も大阪府を中心に運転見合わせが相次ぎ、全線の復旧までには半日以上を要し、JR在来線や大阪メトロ、私鉄各社の累計で500万人以上の足に影響が出たと言われている。それぞれの都市において、地域防災計画を随時見直すなど、地震に強い都市づくりを進めていかなければならない。

図１－６　全国地震動予測地図（2018年版）

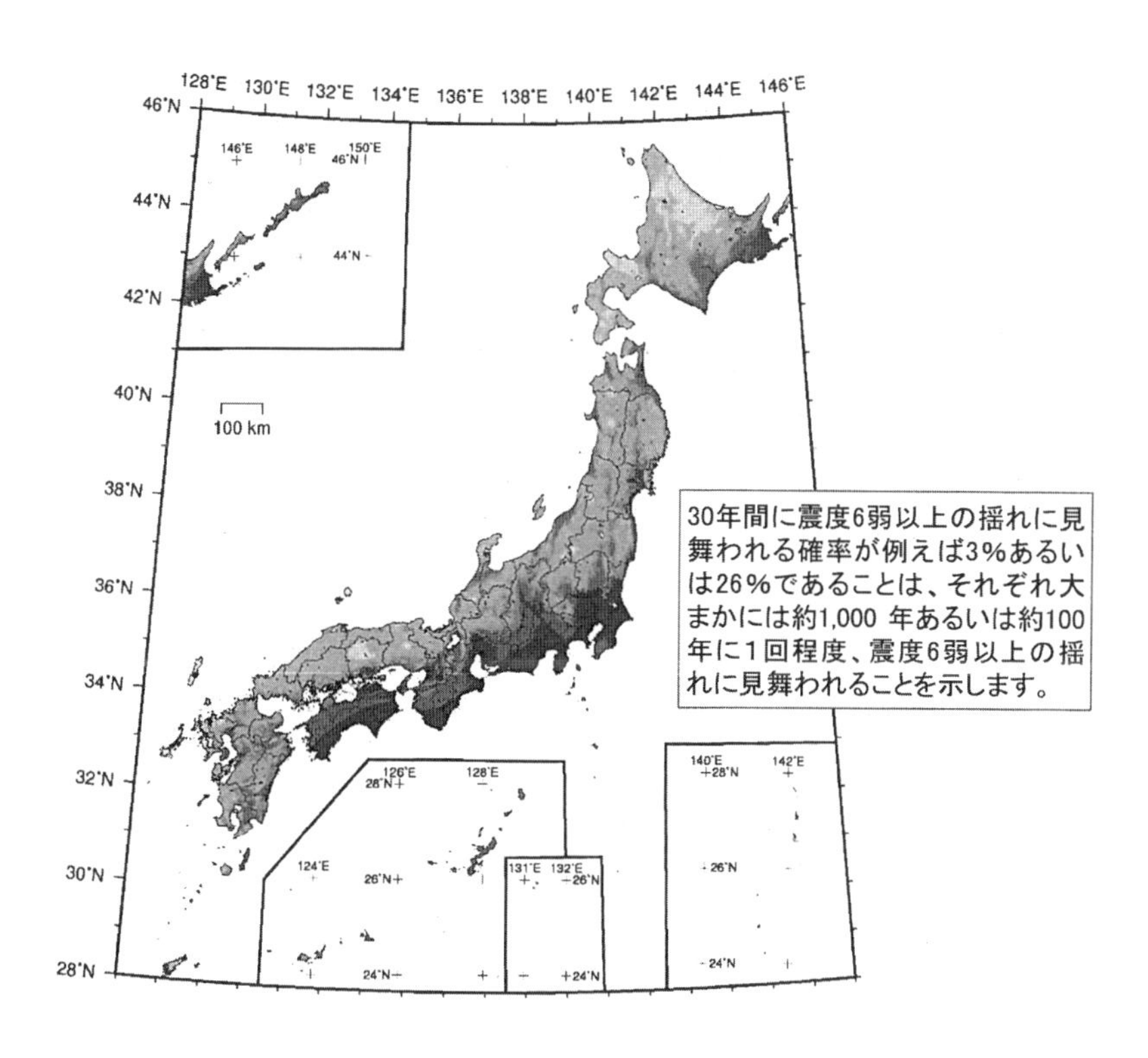

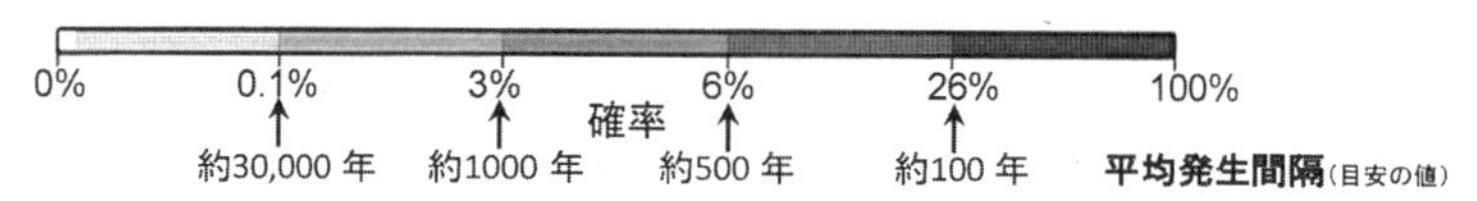

（出典：全国地震動予測地図2018年版）

写真１－５　厚真町の被害の状況

（３）全国地震動予測地図

政府の地震調査委員会は全国地震動予測地図を公表している。２０１８年版を見ると（図１－６）、千島海溝沿いの地震活動の長期評価や四国地域の活断層等の長期評価を変更したものとなっている。今後30年の間に震度６弱以上の強い地震に見舞われる確率は、北海道東部及び関東から西の太平洋側でかなり高くなっている。これは、プレート型の地震が起きる間隔が数十年から百年程度と活断層による地震に比べて短いためで、特に、沖合にプレートとプレートの境界となる海溝がある太平洋側の沿岸地域を中心に揺れの確率が高くなっているものである。ただし、我が国には知られていない活断層が多く分布しており、また活断層によらない内陸型の地震も起きうるわけであり、全国どの地域でも強い揺れに見舞われる可能性が高いことを忘れてはならない。

写真1－6　厚真町における緊急消防援助隊の活動

（4）平成30年北海道胆振東部地震

平成30年（2018年）9月6日㈭3時7分、北海道胆振地方中東部の深さ37㎞でマグニチュード6・7、厚真町で最大震度7を観測する地震が発生した。厚真町で36名を含め、道内東部地域で42名の命が奪われ、462棟の住宅が全壊した（平成31年1月28日現在）。

警戒を強めていたプレート型の地震ではなく、東北東―西南西方向に圧力軸を持つ地殻内で発生した地震であった。多くの直下型地震と比べ震源が深かったことから、50㎞以上離れた札幌市東区でも震度6弱を観測するなど、広範囲に揺れが伝わった。震源の西側には南北方向に伸びる石狩低地東縁断層帯がある。地震調査委員会は、震源断層帯上端の深さは15㎞程度までに達している可能性があり、石狩低地東縁断層帯との関係も含め注意すべきであるとしている。

それにしても、山肌という山肌はすべて崩壊している厚真町の惨状に驚かれた方も多いと思う。熊本地震の南阿蘇村の被害と同様、地盤が弱い地域が地震で揺すぶられて生じた土砂災害であるが、このように地震後瞬時に起きる土砂崩れにより家が押しつぶされてしまう場合には、なかなか命を守るのが困難である。亡くなられた多くの方は窒息死であったようである。

震度5強を観測した札幌市清田区では、液状化による被害も大きかった。この地震により北海道全体が停電したことには、驚いた方も多かったと思う。道内の電力需要の半分を賄う苫東厚真発電所の2号機、4号機が3時8分に緊急停止した。強制停電システムが発動し電力の需要を落として需給のバランスを回復する措置を講じたが、3時25分に1号機が緊急停止し、知内1号機、伊達2号機、奈井江1号機も自動停止し、本州と繋ぐ北本連携線も電源を失い送電がストップし、ブラックアウトに陥った。医療現場等においては、大変なご苦労があったものと思う。6日夕方には、電力は一定の水準まで回復し、停電は295万戸から33万戸となったが、苫東厚真発電所の復旧に相当の期間を要することから、経産省は、1週間8時半から20時半まで2割の節電を要請した。その後は揚水発電所からの電力確保等により節電は緩和された。

電力を失ったことから千歳空港も機能を失い、消防庁からの要員や緊急消防援助隊の派遣については、丘珠空港を使うことになった。緊急消防援助隊は、東北、関東を中心に、航空部隊が49隊364名、陸上部隊が593隊2、268名、9月10日までの5日間救助活動にあたった。

平成31年（2019年）2月21日㈭21時22分、厚真町で震度6弱、安平町とむかわ町で震度5強を観測する地震が起きた。平成30年9月6日の地震の一連の活動によるものと考えられるが、人的被害は軽微であったものの、9月の地震を思い出し不安にかられた被災者も多かったと思う。

4　大地震への備え

（1）自助、共助、公助

大きな地震は起きてほしくはない。しかし必ず起きる。ただし、いつ起きるかを予測することは、なかなか難しい。したがって、いつ起きても対応できるよう準備しておくしかない。

地震が起きたことは、全国に張り巡らされている地震計により瞬時に把握できる。その震度から一定の被害の想定もできる。大規模な地震が起きれば、政府をあげて、すぐに被災地域の状況の把握を始める。もし連絡が取れない地域があれば、その地域こそ被害が大きいと想定する。平成16年の新潟県中越地震の際も、連絡が取れない山古志村（当時・現在は長岡市）の被害が最も大きいと想定して対応した。

その上ですぐに応援部隊の派遣を検討する。また、地震があった地域の近くの部隊は派遣されるものという前提で準備を始める。東日本大震災の際には、16万人の消防吏員のうち3万人が派遣されている。熊本地震の際には、消防庁長官からの要請を受ける前に、熊本市消防局長と福岡市消防局長は連絡を取り合っていた。緊急消防援助隊の訓練は、毎年全国を6ブロックに分けて行われる。この訓練を続けていることもあり、消防本部相互の顔の見える関係ができており、迅速な派遣の体制はほぼ出来上がっている。

また、救助等の応急対策後の物資の供給等の対策も、熊本地震の際には、政府を挙げてプッシュ型で行われた。避難している住民のための物資を運ぶトラックが渋滞するなどの混乱があったことも指摘されている

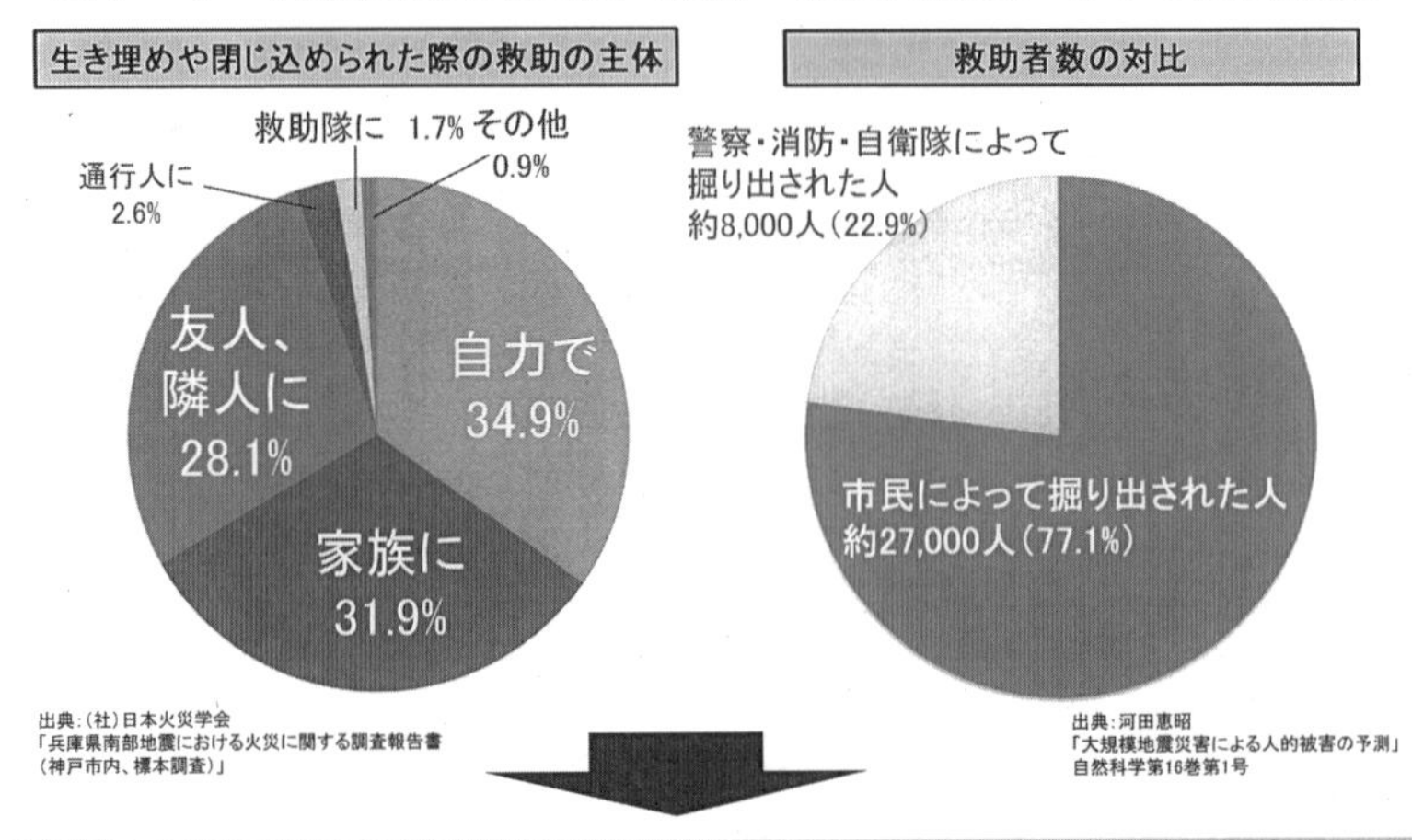

災害の被害の軽減のためには、自助・共助による防災活動が重要！

が、そうした点を改善しつつ、今後大きな地震があった際にもプッシュ型で対応していくことになる。

したがって、重要なことは、地震が起きた直後、なんとか身を守ることである。まずは、揺れから身を守る。津波が懸念される地域では、とにかく急いで津波がこない高い場所に避難することである。「津波てんでんこ」（注1－4）を徹底して、各自が率先して避難することである。

津波の危険がない地域で多くの家屋が倒壊し、動けない人がいる場合には、安全に気を配りつつ、家族や地域の住民が可能な救助をすることである。阪神・淡路大震災において、生き埋めや閉じ込められた際に誰に救助されたかのデータを見ると（図1－7）、「自力で」が34・9％、「家族に」が31・9％、「友人や隣人に」が28・1％で、救助隊に助けられた人はわずか1・7％であった。別の研究によっても、市民によって掘り出された人は77・1％、警察・消防・自衛隊によって掘り出された人は22・9％とされている。こうした実態から、大きな災害が起きた際の教訓として、自助：共助：公助の比率は7：2：1と言われ

図1－8　過去の巨大地震における犠牲者の状況

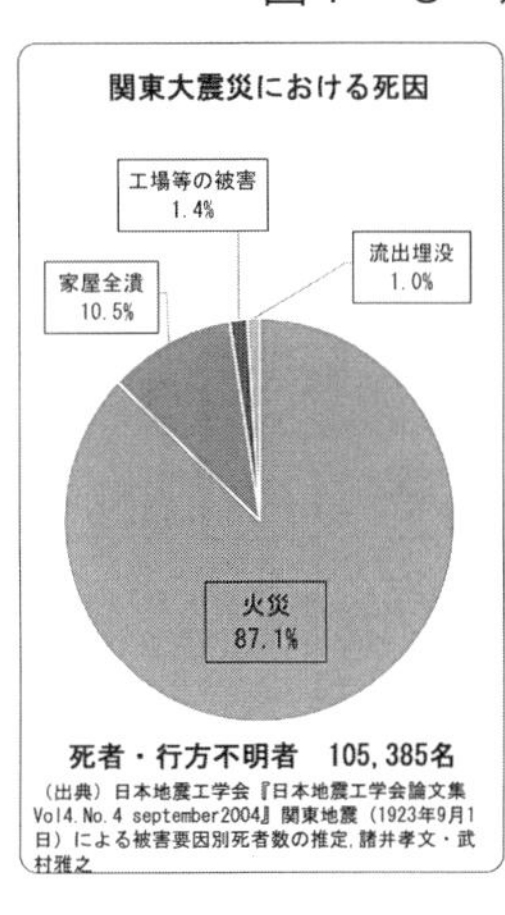

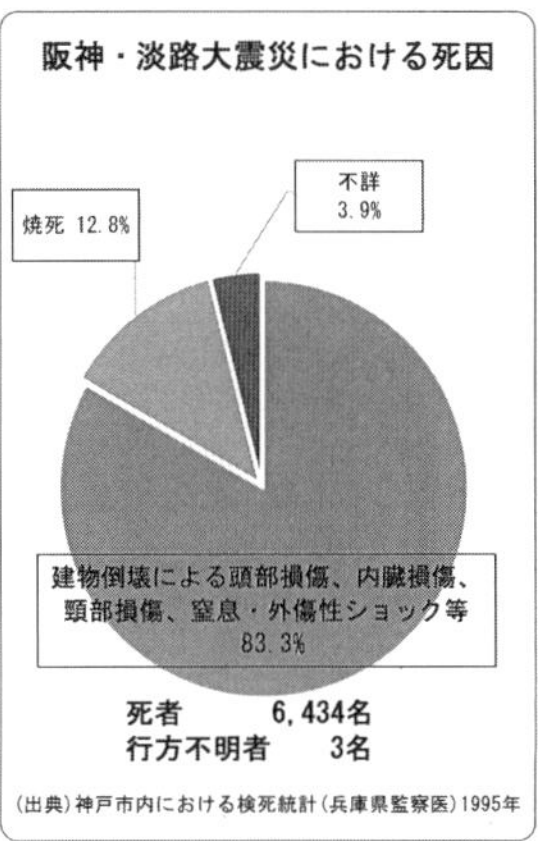

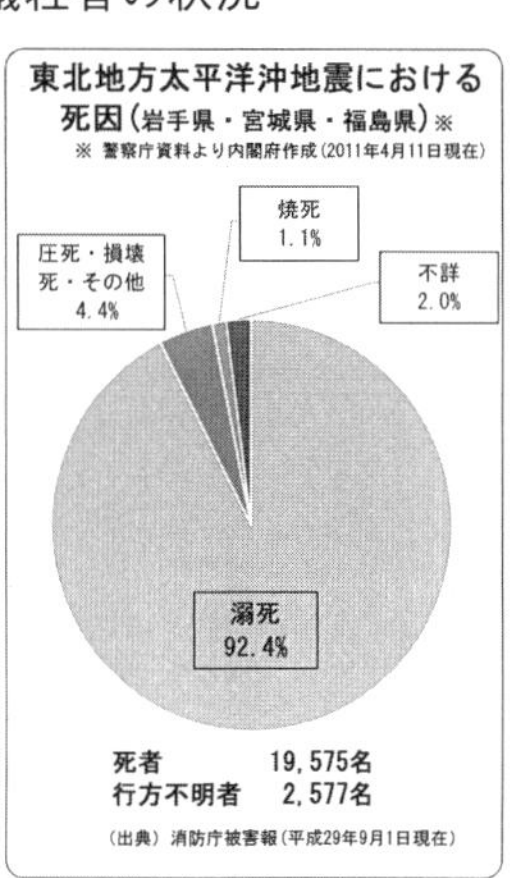

ることが多い。地震は起きるという前提に立っての地域における体制づくりが重要な鍵になる。

一方、地震によって起きる被害は、地震が起きた場所や時間などによって大きく異なっている。20世紀以降、我が国で発生した地震の中で、犠牲者が多く、またよく取り上げられる地震としては、大正12年（1923年）9月1日㈯に発生した関東大震災、平成7年（1995年）1月17日㈫の阪神・淡路大震災、平成23年（2011年）3月11日㈮の東日本大震災だが、この3つの地震の犠牲者の死因を地震別にまとめたものが図1－8である。

関東大震災については、地震の発生が11時58分と昼食の準備時であり、折しも台風が日本海沿岸を進み、地震発生直後の東京では風速12m／sの南寄りの強い風が吹いていた。さらに台風が東に進むにつれて風向きは西風、北風へと変わり、夜には最大風速22m／sに達した。こうした中で、当時の東京市には木造住宅が密集していたため、火災が広範囲に発生し、多くの人が逃げ道を失って焼死したものと考えられる。

阪神・淡路大震災では、地震の発生が午前5時46分であり、多くの人が就寝中であったこと、昭和56年の建築基準法の適用から年数が浅く、耐震性が低い建物が多かったことなどにより、頭部・内臓損傷、窒息、外傷性ショックなどの圧迫死が8割を超えており、建物倒壊や転倒した家具の下敷きになって亡くなっている。また、学生など20代の死者が多いことが特徴で、経済的な理由で古い木造家屋に住んでいて震災に遭遇したことがうかがわれる。

東日本大震災では、14時46分に地震が発生し、プレート型の大規模な地震の特徴のとおり非常に広い範囲で波高10m以上、最大遡上高40mにものぼる巨大な津波が発生し、岩手県、宮城県、福島県を中心に13都道県で戦後最大の死者・行方不明者が発生した。この地震の犠牲者の9割以上は津波に巻き込まれたことによる水死である。消防関係者の中にも水門を閉めに行った際、あるいは地域住民に避難を呼びかけている最中に津波に飲み込まれるなどして殉職した消防団員が198名、消防吏員が27名に上り、大変大きな衝撃を与えた。

このように一言で大地震といっても、地震の原因がプレート型なのか活断層型なのか、発生した季節や時間帯、気象状況などによっても、それによる犠牲者の死因には大きな違いが生じる。

（注1－4）津波てんでんこ：「てんでんこ」は「各自」「めいめい」の意味。津波がきたら、取るものもとりあえず、各自「てんでんばらばらに」高台へと逃げろの意味、素早く逃げる人の行動が結果他の人の避難を促す。

（２）もしもにどう備えるか

それでは、どうしたらこうした大きな地震による被害を少しでも抑えることができるのか。どの程度被害を軽減することができるのか。その鍵は、地震に対する事前の備えや地震発生直後の行動にある。

南海トラフ地震をみてみよう（図１－９）。被害が最大となるケースでは、死者・行方不明者は約３２３、０００人、建物の全壊棟数は２、３８６、０００棟と想定されている。このうち、津波による死者は、地震発生直後の避難率が低い場合には１０８、０００人～２２４、０００人とされているが、大きな津波に襲われる地域において避難タワーが十分に整備され、その地域に住む全員が地震発生直後に避難を開始した場合には８、０００人～５２、０００人と、最大で9割減らせると試算されている。また、揺れにより全壊する棟数も、試算を行った平成20年当時の耐震化率79％を前提とすると最大で約６２７、０００棟であるが、耐震化率が90％となれば約３６１、０００棟、95％となれば約２４０、０００棟と、それぞれおよそ4割減、6割減になると試算されている。

同じく、首都直下地震についてはどうか（図１－10）。被害が最大になるケースでは死者が約２３、０００人、全壊・焼失棟数は約６１０、０００棟（うち、地震火災による焼失４１２、０００棟）とされている。これに対し、耐震化率を１００％に引き上げれば、建物倒壊による死者数は約１１、０００人から約１、５００人へ、揺れによる全壊棟数は約１７５、０００棟から約２７、０００棟へと9割近く減らすことができる。さらに、地震による停電後に電気が復旧した際、使用中であった電気ストーブの近くに落ちた可燃性の物が発火して火災が生じるなどの通電火災が多く発生すると言われている。これを未然に防ぐために地震時

図１－９　南海トラフ地震の被害想定等（防災対策を実施することによる効果）

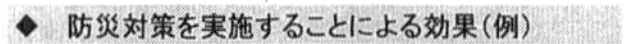

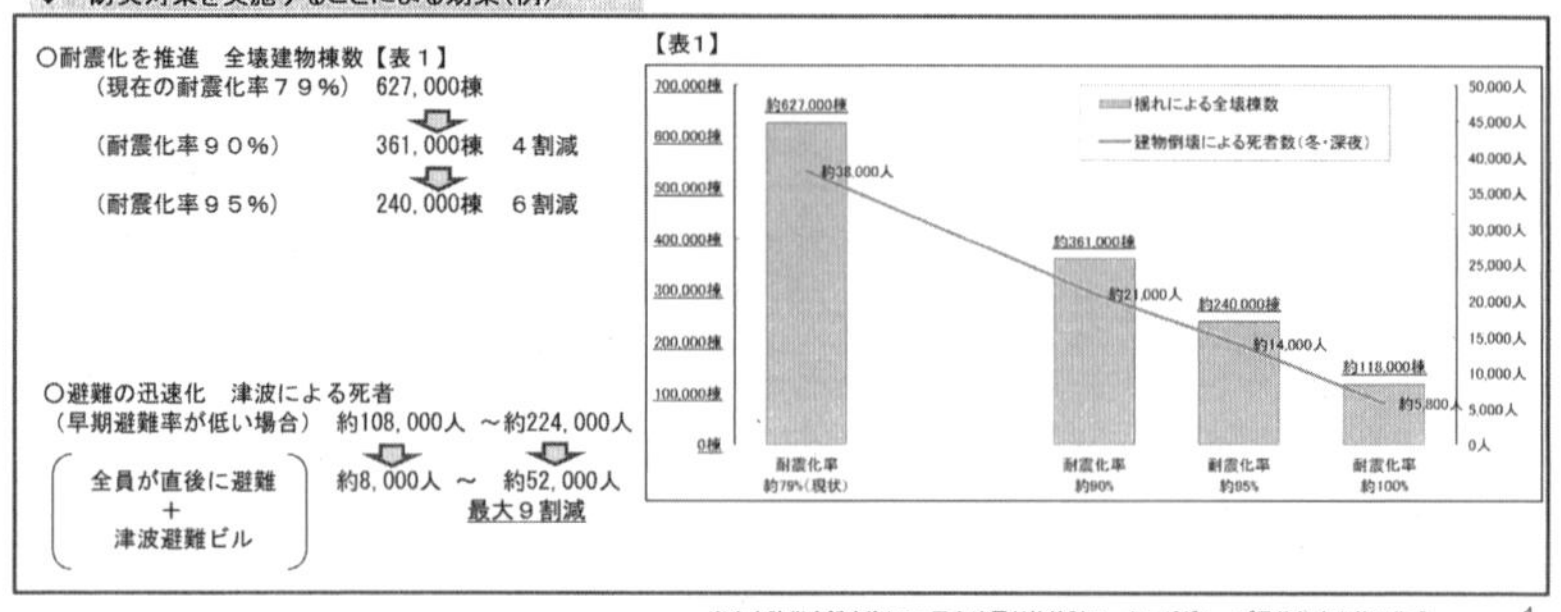

※中央防災会議南海トラフ巨大地震対策検討ワーキンググループ最終報告を基に作成　1

図１－10　都区部直下地震の被害想定等（防災・減災対策とその効果）

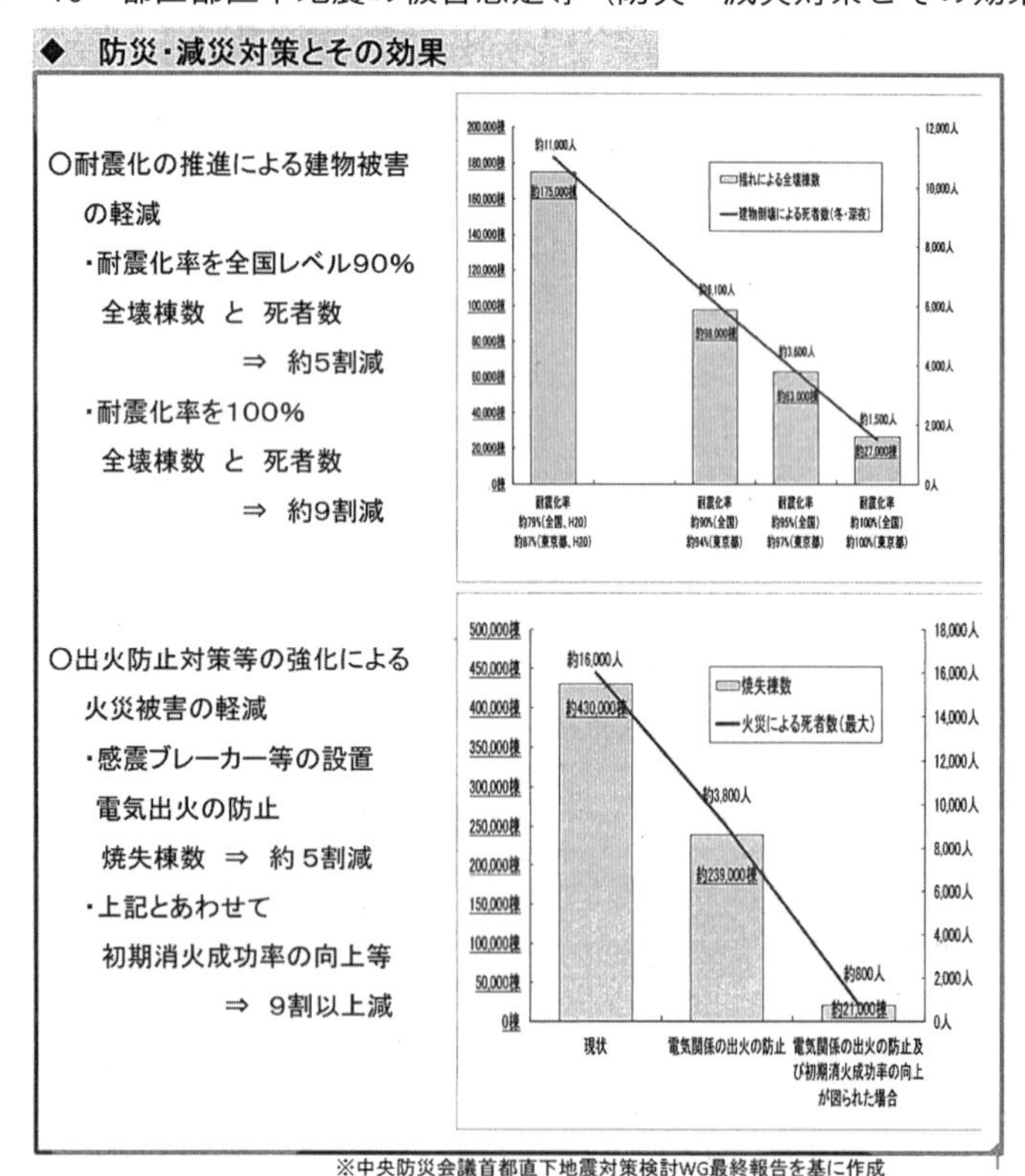

※中央防災会議首都直下地震対策検討WG最終報告を基に作成

には自動的にブレーカーが落ちる感震ブレーカーを設置することや、避難をする前に発生しているボヤの初期消火をしっかりと行うことで、焼失棟数や火災による死者数も９割以上減らせると言われている。

以上は、被害が想定される地域を全体としてみた場合の統計的な数字であるが、それぞれの個人が自身の建物を耐震化したり、家具などが倒れないよう固定したり、感震ブレーカーを設置するなど事前の備えを行い、迅速な避難、初期消火などの行動をとれば、大切な財産とかけがえのない命を確実に守ることができる。こうしたデータを胸に刻み込んで、準備を怠らないよう心掛けたい。

第２章　豪雨災害

1　平成28年台風10号による水害を振り返って

地震と異なり、豪雨災害については、気象や近隣河川の水位等について事前に相当量の情報を遂次入手することができる。したがって災害が起きる前に避難することにより人的被害を避けることができる。逆に避難しなかったために尊い人命を失うことになる場合には、悔やむこととなる。平成28年台風10号による水害は、こうした点について、多くの教訓をもたらした。

（1）岩手県岩泉町における被害

平成28年（２０１６年）８月19日21時、八丈島の東約１５０キロの海上で台風10号が発生した。この台風は25日にかけて日本の南を南西に進み、沖縄近海で停滞しつつ勢力を拡大し、その後北東に進路を変え、小笠原近海に達し、北に進路を取り、関東の南東海上から福島県沖を北上し、強い勢力を持ったまま30日18時前に岩手県大船渡市付近に上陸し、東北北部を北西に進み日本海に至るというルートを辿った（図２－１）。台風が東北地方の太平洋側に上陸したのは、１９５１年の統計開始以降初めてである。

この台風及び台風が引き連れてきた雨雲による局地的な大雨により、岩手県及び北海道の一部に大きな被

図２－１　平成28年台風10号の経路

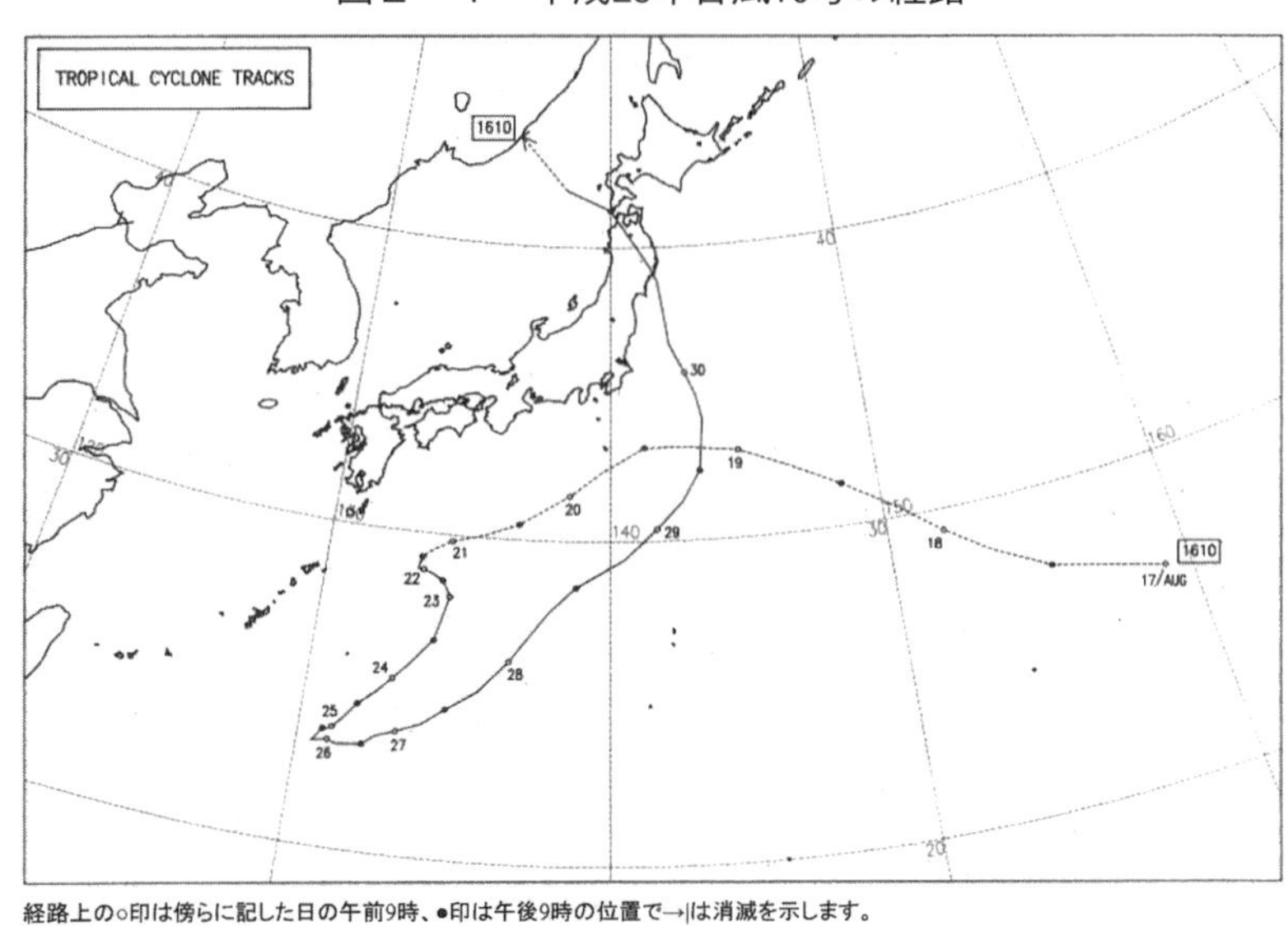

経路上の○印は傍らに記した日の午前9時、●印は午後9時の位置で→|は消滅を示します。
経路の実線は台風、破線は熱帯低気圧・温帯低気圧の期間を示します。

害をもたらした。30日夕方から夜にかけての局地的な猛烈な雨により短時間で川の水位が上がり、大きな被害をもたらした。特に岩手県岩泉町の被害は大きかった。死者24名、全壊４５３棟を含む９８５棟の住家が被災するという大きな被害が発生したが、岩泉町の小本川沿いにあるグループホーム「楽ん楽ん（らんらん）」で９名の入所者が亡くなられたことがセンセーショナルに報道された。

岩手県の東側の北上山地からいくつもの河川が西から東へ、太平洋へと流れている。岩泉町にも、北に安家川、南に小本川が流れている。この川に沿って道路があり、その道路沿いに住家がある。役場も、このグループホームも、小本川沿いにある。北上山地は急峻な山ではないが、巨大な山塊である。岩手県岩泉町の面積は東京23区の１・５倍もある。広大な山地に降った雨が一気に川の水位を上げ、被害をもたらした。

グループホーム「楽ん楽ん」では介護士の方１名

図２－２　平成28年台風10号災害時の岩手県岩泉町の被害の概要

〇大きな被害が発生した小本川では、17時頃に氾濫注意水位の2.5mに到達した後、急激に水位が上昇し、氾濫した
〇高齢者福祉施設の入所者9名を含め、21名の死者・行方不明者、全壊444棟を含めて 967棟の住家が被災するなど、大きな被害が発生（平成29年2月21日15:00時点）

岩泉町　地域防災計画「避難勧告等の基準」（抜粋）小本川の水害に係る避難勧告の基準（1～3のいずれか）
1　赤鹿水位観測所の水位が2.5mに達し、さらに、種倉、山岸で累積加算雨量80mm以上の降雨予想
2　堤防等からの異常な漏水の発見
3　消防団等からの異常の知らせ

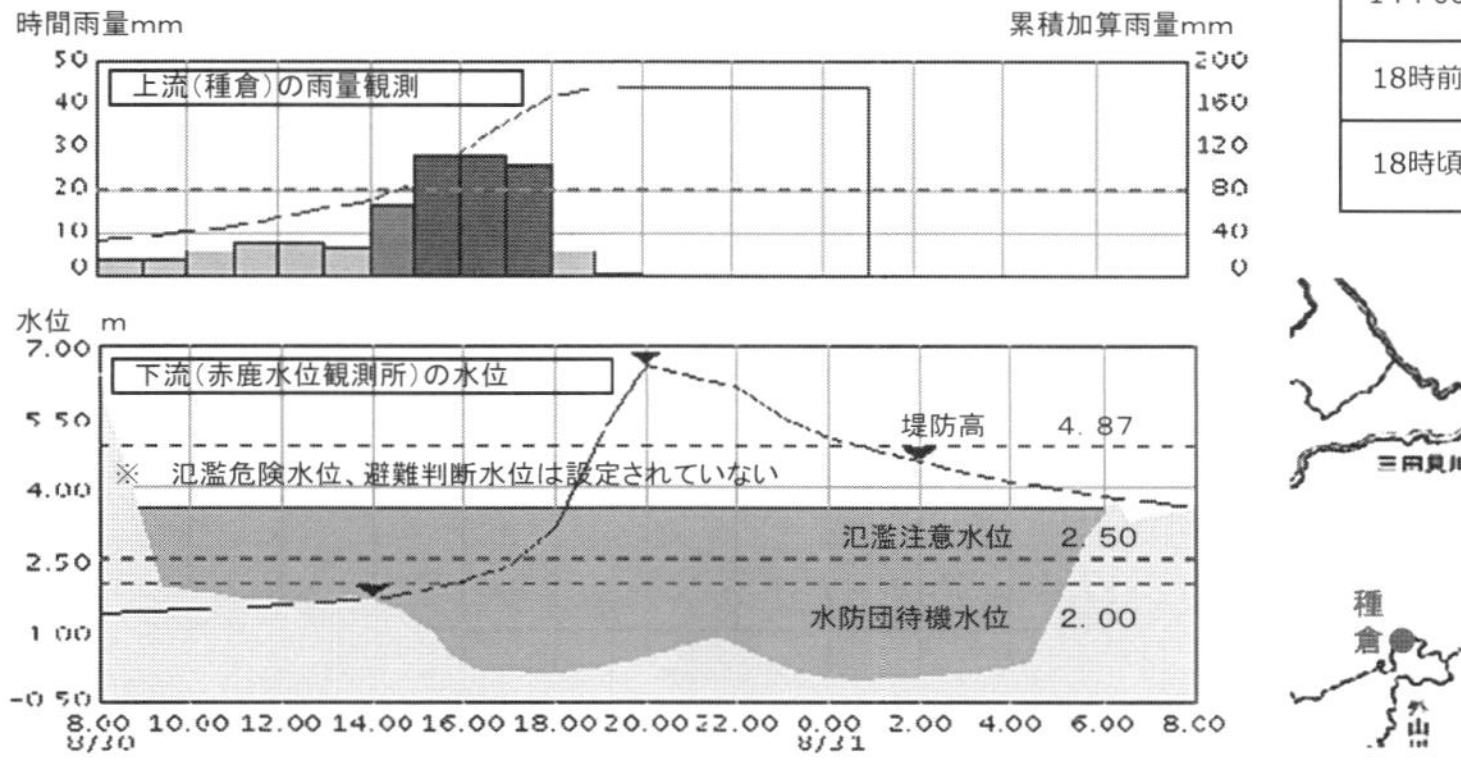

●8月30日の経過

5：19	盛岡地方気象台が岩泉町に大雨警報
9：00	岩泉町が避難準備情報発令（全域）
10：16	盛岡地方気象台が岩泉町に大雨警報に加え、洪水警報を発表
14：00	岩泉町が安家地区の一部に避難勧告発令 （小本川(おもとがわ)流域外）
18時前	台風第10号が岩手県大船渡市付近に上陸
18時頃	高齢者施設（認知症高齢者グループホーム）に大量の水が 一気に流れ込む

が対応していたが、急に川の水位が上がるとともにグループホームの上の道路も川のような状況となり、避難ができず、翌朝、介護士が入居者の方を抱いたまま発見されたが、入居者9人全員の死亡が確認された。このグループホームから数十メートルほど山側には、堅ろうな3階建ての特別養護老人ホームがあり、避難すること自体が危険となる前に、この建物の2階、3階に避難していれば命をまもることができたと考えられ、その意味では残念な事案であった。

岩泉町の防災対策は相当しっかりしたものであり、災害の事象別の避難方法等をわかりやすくまとめた冊子を各戸に配布するとともに、当日も、常備消防・消防団一体となって水害の危険がある地域において各戸を回り避難の誘導を行っていただけに、このグループホームの件は残念であるが、行政全体として教訓としなければならない事案であった。

- 30日朝9時に、岩泉町全域に「避難準備情報」を発令、避難所を6か所開設。ＩＰ端末を使った「ぴーちゃんねっと」で各戸に伝達。
- 14時に、安家川沿いの133世帯に避難勧告を発令したが、小本川沿いには（結果的には最後まで）避難勧告は発令しないままであった。
- 15時頃から上流での被害情報が役場に入りはじめたが、グループホーム「楽ん楽ん」付近も水位に一定の余裕があり、水位の急上昇を予測した対応とはならなかった。
- 17時20分頃、小本川を管理する岩手県岩泉土木センターから、岩泉町役場に「赤鹿水位観測所では、17時20分に氾濫注意水位2・50ｍを超過し、今後も上昇する見込みであるので注意するように」との連絡が入ったが、職員が住民からの電話対応に追われ、この情報は町長に報告されなかった。

（小本川（二升石～小本川河口）の水害に係る避難勧告の基準：①～③のいずれか
①　赤鹿水位観測所の水位が２・50ｍに達し、さらに、種倉、山岸で累積加算雨量80㎜以上の降雨予想
②　堤防等からの異常な漏水の発見
③　消防団等からの異常の知らせ）
・グループホーム「楽ん楽ん」においては、こうした場合における対応マニュアルが整備されていなかった（19時45分ころ1階部分が水没したと推測される。）。
・岩泉町としては、常備消防・消防団が、水害の危険がある地域の避難誘導をかなり徹底していたにもかかわらず、グループホーム「楽ん楽ん」には、避難すべきという個別情報の提供はされなかった（福祉施設については、施設側が責任を果たすものと思っていた点もあった。）。
・20時25分頃役場が停電した。防災機器等の電源は非常電源により確保し、消防署や県との連絡は衛星電話で行うこととなったが、十分な情報連絡は難しい状況だった。

（２）　消防機関の活動

地元消防本部及び消防団は、台風接近に備えた河川流域等の警戒活動、住民への広報や避難誘導等を行った。その後、川の水位が上昇し濁流となり、場合によっては車両の出場が阻まれる厳しい状況下で、しかも十分相互に連絡をとることができないなかで、住民の救助にあたった。消防吏員、団員が川に飛び込んで高齢者を救助するなど危険な場面もあったようである。

30日夜の時点では、岩泉町にかなりの被害があった模様であることは推測されたが、県も十分な情報把握

写真２－１　平成28年台風10号による災害における消防機関の活動（岩手県内）

が困難な状況にあり、31日5時30分、岩手県知事からの要請を受け、宮城県、秋田県、福島県の知事に、岩手県への航空隊の出動を要請した。さらに、青森県、仙台市、東京都、横浜市の航空隊の派遣を行うことになった。

また、緊急消防援助隊の陸上隊としては、青森県大隊を久慈市に、宮城県大隊を岩泉町に派遣することになった。それぞれの地域で集落ごとの安否確認、孤立した住民の救助等を行ったが、９月２日には、青森県大隊も岩泉町に転進し、流木や土砂が流れ込んだ家屋での救助活動、道路の通行が困難な地域においては、消防及び自衛隊のヘリコプターによる救助活動を行った。緊急消防援助隊の陸上隊及び航空隊は併せて43名を救助し、ピーク時の９月２日には３６４人が活動した。

（３）水害及び土砂災害に備えた地域の防災体制の再点検

豪雨災害については、一定の情報を事前に把握できるとはいっても、どのような状況になったら避難勧告等を発令するかということを事前に定めていなければ、いざという時の対応は難しい。特に、山間部の急流河川沿いでは、急に河川水位が上昇することがあり、避難情報提供のための判断を迅速に行うことが求められる。

そこで、本事案を踏まえて、平成28年9月、全国の市町村及び都道府県に対し、水害及び土砂災害に備えた地域の防災体制の再点検を要請した。例えば、いかなる場合に避難勧告を行うか、その発令の基準が定められているか等について再点検を行ってもらった。結果は洪水予報河川となっている大河川や県が水位周知河川として指定している河川については約9割が基準を策定しているが、それ以外の河川については約5割にとどまっていた（小本川については、水位周知河川ではなかったが、その後、水位周知河川に指定されている。）。

こうした点検結果を踏まえ、平成28年12月に、図2－3の内容の要請を行った。例えば、洪水予報河川や水位周知河川以外の河川についても、各市町村においては、地域の災害リスクに応じ、避難勧告等の対象となる区域を設定し、避難勧告等を行うための定量的でわかりやすい判断基準を設定する、その上で、いざ災害時においては、気象・河川水位の情報等を的確に収集、分析し、関係機関の助言を求めつつ、全庁的な災害対応体制のもとで、確実に避難勧告等を発令することを内容とするものである。各都道府県には、専門的知見を生かして市町村に積極的に助言することを要請した。この要請を受けて、すべての市町村、都道府県

図２－３　地域の防災体制の再点検と防災体制の再構築

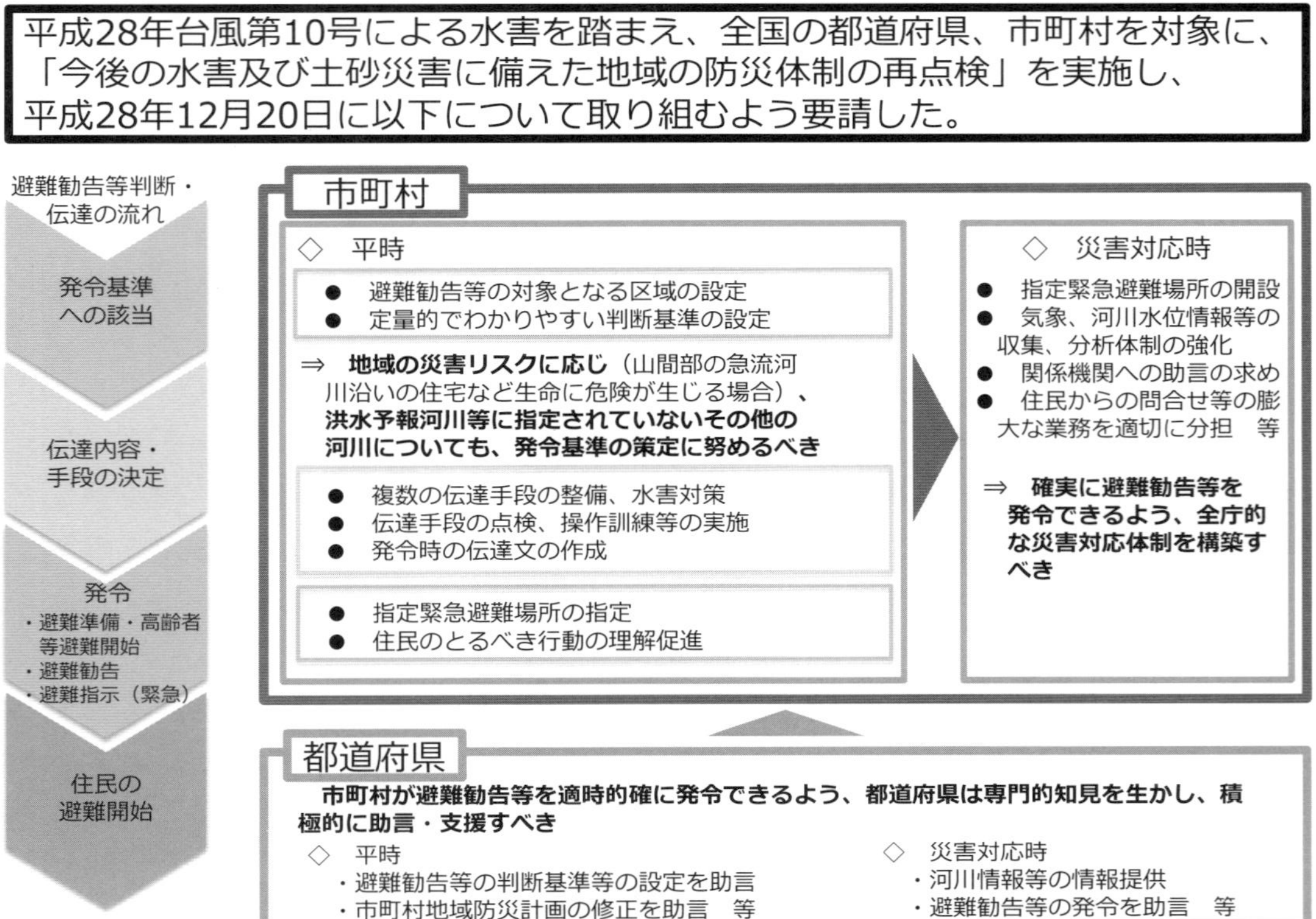

平成28年台風第10号による水害を踏まえ、全国の都道府県、市町村を対象に、「今後の水害及び土砂災害に備えた地域の防災体制の再点検」を実施し、平成28年12月20日に以下について取り組むよう要請した。

避難勧告等判断・伝達の流れ

発令基準への該当

伝達内容・手段の決定

発令
・避難準備・高齢者等避難開始
・避難勧告
・避難指示（緊急）

住民の避難開始

市町村

◇　平時

- 避難勧告等の対象となる区域の設定
- 定量的でわかりやすい判断基準の設定

⇒　**地域の災害リスクに応じ**（山間部の急流河川沿いの住宅など生命に危険が生じる場合）、**洪水予報河川等に指定されていないその他の河川についても、発令基準の策定に努めるべき**

- 複数の伝達手段の整備、水害対策
- 伝達手段の点検、操作訓練等の実施
- 発令時の伝達文の作成

- 指定緊急避難場所の指定
- 住民のとるべき行動の理解促進

◇　災害対応時

- 指定緊急避難場所の開設
- 気象、河川水位情報等の収集、分析体制の強化
- 関係機関への助言の求め
- 住民からの問合せ等の膨大な業務を適切に分担　等

⇒　**確実に避難勧告等を発令できるよう、全庁的な災害対応体制を構築すべき**

都道府県

市町村が避難勧告等を適時的確に発令できるよう、都道府県は専門的知見を生かし、積極的に助言・支援すべき

◇　平時
・避難勧告等の判断基準等の設定を助言
・市町村地域防災計画の修正を助言　等

◇　災害対応時
・河川情報等の情報提供
・避難勧告等の発令を助言　等

で防災体制の再構築を進めていただいたところである。

(4) 避難情報の見直し

小本川沿いには避難勧告が発令されていなかったが、避難準備情報が発令された段階で、本来グループホーム「楽ん楽ん」の入居者は避難が必要であった。結果としてグループホーム「楽ん楽ん」において適切な避難行動がとられなかった理由の一つが、「避難準備情報」の意味するところが適切に伝わっていなかったことであり、このことも重要な課題として認識された。

「避難準備情報」という言葉には要配慮者の避難開始が含まれるということを行政関係者は理解していても、一般の方々には「避難勧告が発令されるときに避難がスムーズに行えるよう準備しておいてください」という意味に受け取られかねない。そこで、内閣府における検討会での議論を経て、平成29年1月に、この「避難準備情報」という名称が「避難準備・高齢者等避難開始」に改められた。併せて、「避難指示」については、その緊急性を明らかにするため「避難指示（緊急）」に改められた。

この「避難準備・高齢者等避難開始」が発令された場合、高齢者等の要配慮者の避難開始のみならず、急激に推移が上昇する川沿いなど早めの避難が必要となる地区の住民の避難開始も求められることになる。

また、河川の水位にかかる情報については、気象庁が6時間先までの流域雨量指数の予測値が洪水警報等の基準値に到達したかどうかで、危険度を5段階に判定し、水色、黄色、赤、紫、濃い紫に色分けして表示する情報提供を始めた。例えば、紫で表示された河川の区間については、流域雨量指数の3時間先までの予測値が、過去の重大な洪水被害発生時に匹敵する値に到達すると予想され、水位が氾濫注意水位等を超えて

図2－4　避難情報の新たな名称と伝え方のイメージ

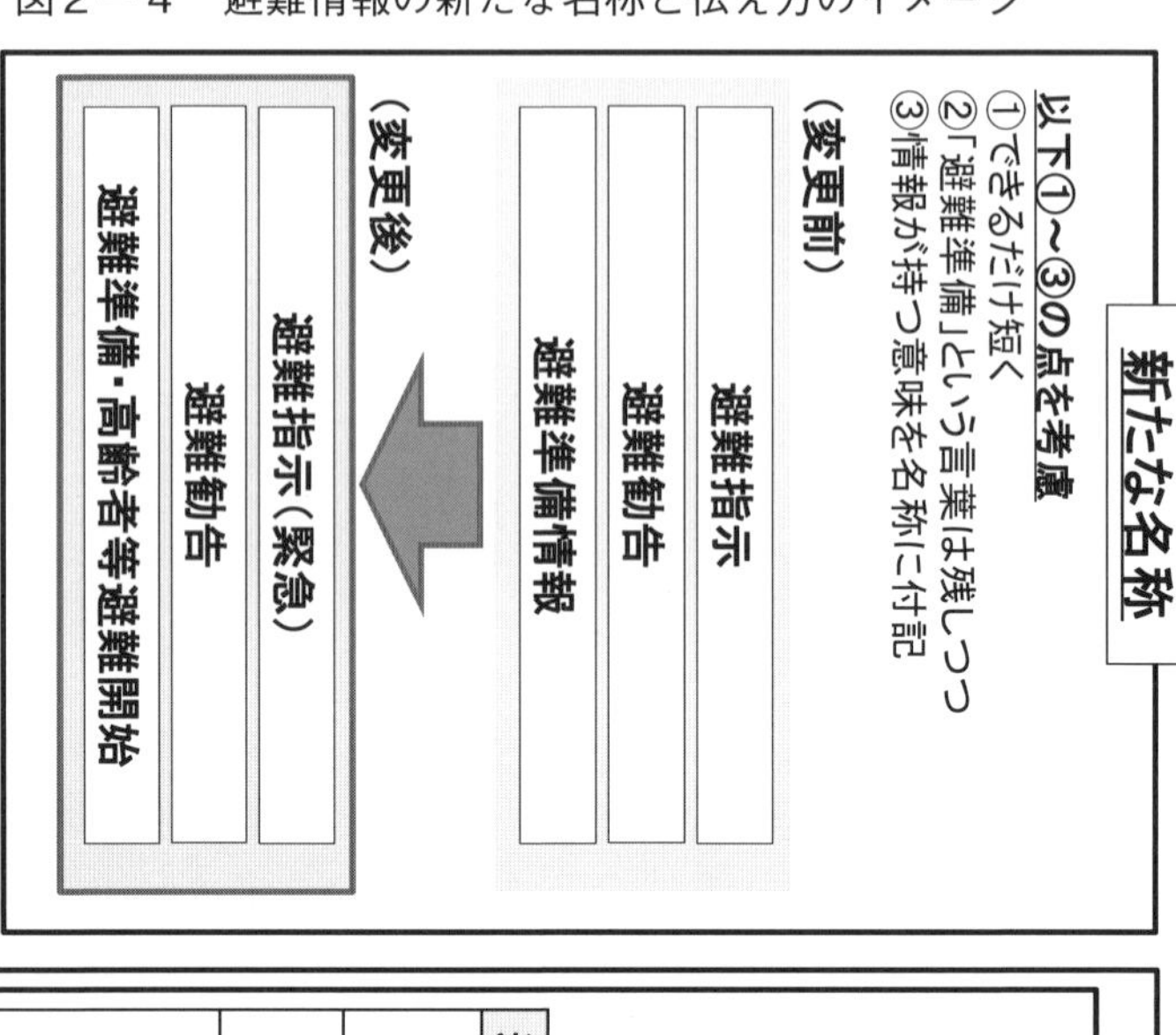

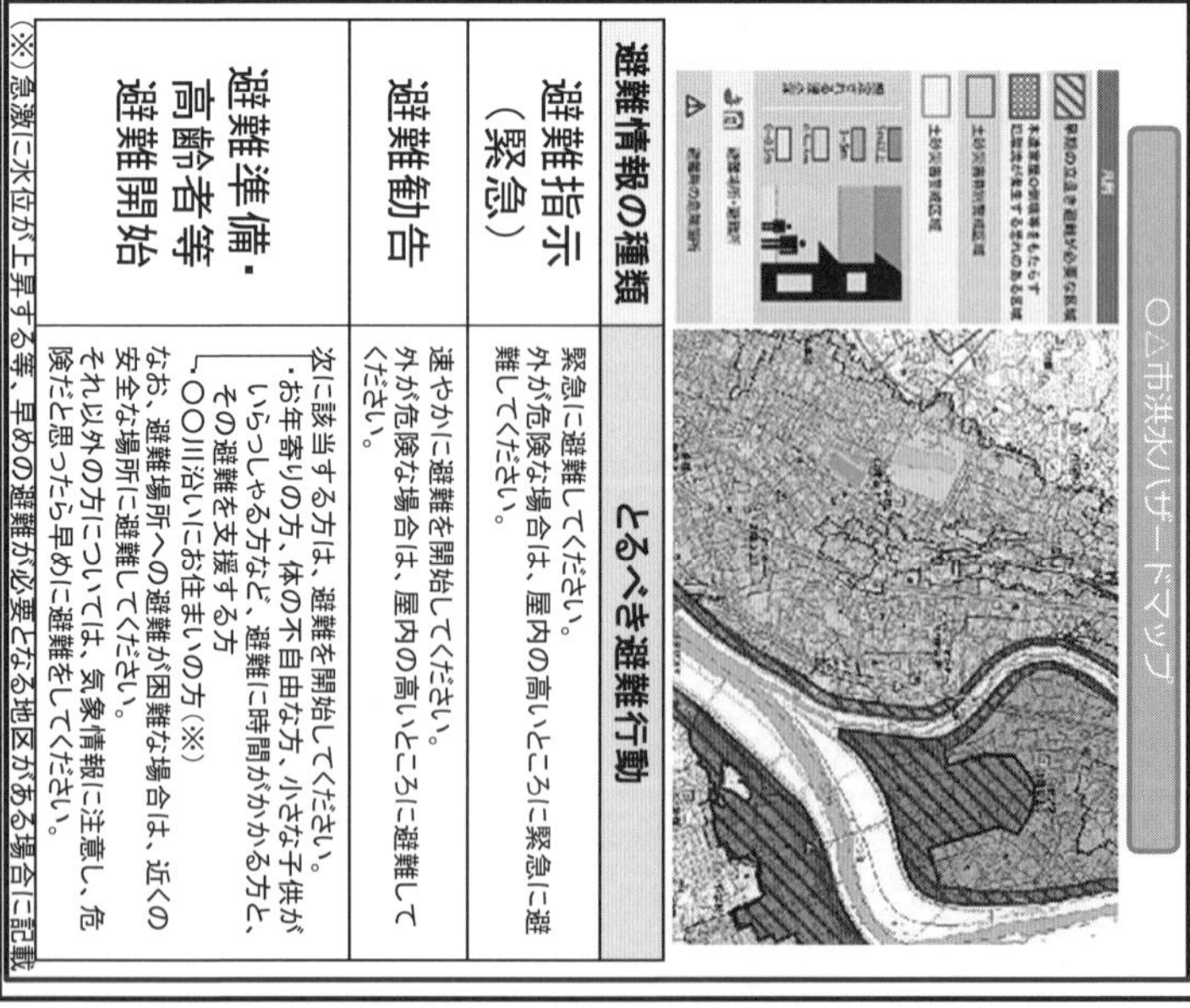

避難情報の種類	とるべき避難行動
避難指示（緊急）	緊急に避難してください。 外が危険な場合は、屋内の高いところに緊急に避難してください。
避難勧告	速やかに避難を開始してください。 外が危険な場合は、屋内の高いところに避難してください。
避難準備・高齢者等避難開始	次に該当する方は、避難を開始してください。 ・お年寄りの方、体の不自由な方、小さな子供がいらっしゃる方など、避難に時間がかかる方と、その避難を支援する方 ・○○川沿いにお住まいの方（※） なお、避難場所への避難が困難な場合は、近くの安全な場所に避難してください。 それ以外の方については、気象情報に注意し、危険だと思ったら早めに避難をしてください。

（※）急激に水位が上昇する等、早めの避難が必要となる地区がある場合に記載

図２－５　水防法・土砂災害防止法の改正（平成29年６月）の概要

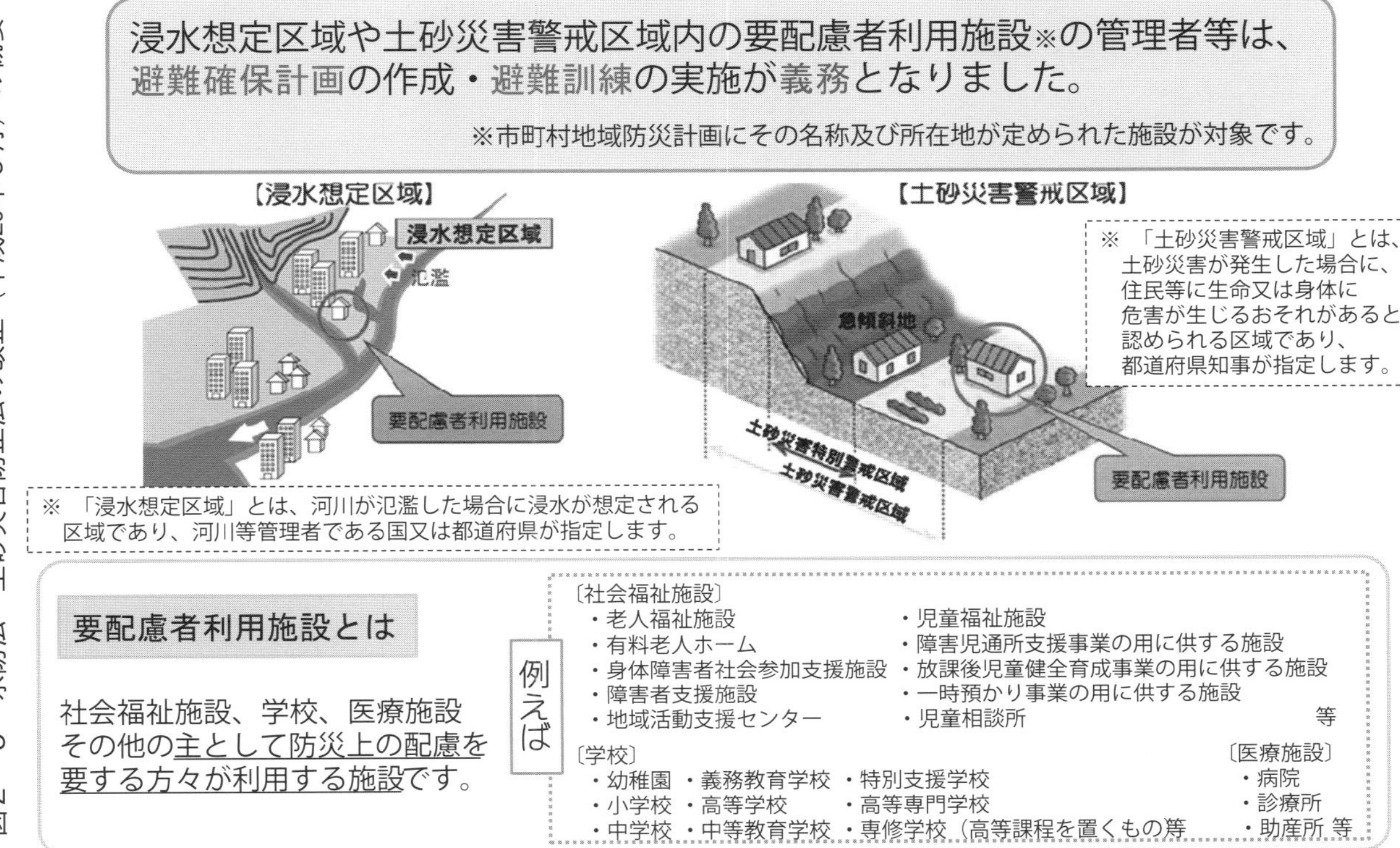

いる場合には、避難勧告相当とするものである。
このように避難情報にかかる対応が抜本的に改善されたわけであるが、実際に避難行動に移せるかは難しい場合もある。岩手県岩泉町においても、高齢者の避難の説得に相当の時間を要した例もあると聞いている。したがって、日頃から、住民の方々に、いざというときにいかに行動すべきについて理解いただくとともに、やはり訓練が重要と思われる。

(5) 水防法・土砂災害防止法の改正

この岩手県岩泉町における水害を踏まえ、平成29年6月に水防法及び土砂災害防止法が改正された。その内容は、河川管理者が指定する浸水想定区域や都道府県知事が指定する土砂災害警戒区域内の社会福祉施設、学校、医療施設など防災上配慮を要する方々が利用する施設の管理者に、利用者の円滑かつ迅速な避難の確保を図るための計画の策定及び避難訓練の実施を義務付けるものであり、その内容は図2－5のとおりである。

福祉、教育、医療の現場は、日頃からご苦労が多いと思う。そういう現場で、避難のための計画づくりや訓練を行うことは簡単なことではないかもしれない。しかし、人の命には代えられない。グループホーム「楽ん楽ん」では、水害の危険があるときのための対応マニュアルはなかった。いざという時にどうするかについて事前に決めていないと、危険が近づいても、移動することも大変であるし、なんとかなるのではないかと思考停止に陥りがちになる。であればこそ、平時に、避難場所、避難の経路、避難誘導の方法、職員の役割分担などに関する計画を定めて関係者間で共有しておくことが重要なのである。

その上で訓練をすることである。実際に訓練をしてみることで、課題が分かることも多い。避難にどの程度時間を要するかも分かるし、いかにすれば安全かつ迅速に避難できるかも分かってくる。効果的な訓練を行うためにも、消防本部や消防団・水防団と協力して行うことが重要と思われる。

2　平成29年7月九州北部豪雨を振り返って

平成29年7月九州北部豪雨災害に見舞われた地域は、ちょうど5年前に同じような豪雨により大きな被害を受けていた。その際の経験を踏まえて、様々な取り組みを行ってきた結果、多くの犠牲者が生じたとはいえ、情報伝達や避難、地域での救助、域外からの応援などが迅速に行われ、さらに大きな災害となることを未然に防いだ部分も多い。

（1）　平成29年7月九州北部豪雨災害における被害

平成29年（２０１７年）６月30日㈮から７月４日㈫にかけて、梅雨前線が北陸地方や東北地方に停滞し、その後ゆっくり南下し、７月５日から10日にかけては朝鮮半島付近から西日本に停滞した。また、東シナ海を北上した台風３号は、７月４日８時頃に長崎市に上陸した後、東に進み、翌５日９時に日本の東で温帯低気圧に変わった。

この梅雨前線や台風３号の影響により、特に７月５日から６日にかけて、対馬海流付近に停滞した梅雨前線に向かって暖かく非常に湿った空気が流れ込んだ影響により、西日本で記録的な大雨となり、島根県浜田

図２－６　平成29年７月九州北部豪雨の被害の状況

市、福岡県朝倉市、大分県日田市などでは、24時間の降水量が統計開始以来最大となると記録的な大雨となった。気象庁は、島根県には19時55分に、福岡県には17時51分に、大分県には19時55分に大雨特別警報を発表し、最大限の警戒を呼びかけた。

この大雨により、特に福岡県朝倉市、同県東峰村及び大分県日田市など九州北部を中心に、河川の氾濫、浸水害、土砂災害等が発生し、甚大な人的、物的被害が発生した。福岡県、大分県と広島県を中心にあわせて死者42名、行方不明者２名、全壊家屋３３８棟、半壊１、１０１棟など大きな被害が生じた（平成30年10月31日現在）。また、特に甚大な被害が発生した朝倉市、東峰村及び日田市では、道路崩壊、鉄道橋流失、土砂流入、冠水などにより交通が寸断され、多くの集落が孤立状態となった。さらに、一部の地域では、ＮＴＴ回線や携帯電話が不通となり、大勢の住民の安否が確認できない状態となった。

また、山腹崩壊や土石流の発生により大量の流木が下流に押し流され、通行障害を引き起こしたほか、土砂とともに住家に流入するなどして多大な被害をもたらした。その他、電気、ガス、水道等のライフラインも寸断され、住民生活に大きな支障が生じた。

（２）　消防機関の活動

福岡県では、甚大な被害が発生した朝倉市、東峰村からの１１９番通報が相次ぎ、筑後地域消防指令センターでは、すべての通報には対応できない状態が続いた。同地域を管轄する甘木・朝倉消防本部は総力を挙げた活動を実施したが、災害発生当初は、河川の氾濫、土砂災害などによる道路の寸断等で災害現場に近づくことができず、消防車両を効果的に運用できない状況となり、被災住民の救助活動、避難誘導等は困難を

写真２－２　平成29年７月九州北部豪雨における消防機関の活動

極めた。

大分県で甚大な被害が発生した日田市において１１９番通報が多数入電し、管轄する日田玖珠広域消防組合消防本部は、被災住民の救助活動、避難誘導等の対応に追われた。

消防庁としては、迅速な緊急消防援助隊を派遣が重要と判断し、特に被害が大きいと思われた福岡県及び大分県の災害対策担当部局と連絡を密にとりながら、両県の周辺の県に対していつでも緊急消防援助隊が出動できるよう準備の依頼を行っていた。被害の状況について、消防庁が被災している市町村消防本部から直接かなりの情報を入手するできたこともあり、消防庁から緊急消防援助隊の派遣要請を行うよう促し、その結果、大分県知事からは５日21時過ぎに、福岡県知事からは翌６日０時に、消防庁長官に対して要請があり、周辺の関係県に対して緊急消防援助隊の出動を求めたところである。

平成29年７月九州北部豪雨では、大雨による激流が堤防を破壊しながら流れ下るとともに、非常に多くの箇所で土砂崩れが起き、その土砂や倒木が河川に入り込んで一気に家屋や人を押し流した。本川である筑後川にも大量に入り込んだため捜索範囲が遠く有明海まで広がったこともあり、救助活動と捜索活動は困難を極めた。その結果、緊急消防援助隊の活動日数は７月５日から25日までの21日間、出動のべ隊数は３、０９０隊と、それまで緊急消防援助隊が34回派遣された中で、出動のべ隊数としては、東日本大震災、熊本地震に次ぐ規模となった。

　また、地元の消防団も大きな活躍をした。災害直後には、住民の避難誘導や救助活動、安否の確認、警戒活動を行い、土のう積み、がれきの除去などの応急対策、給水活動や孤立地域への食料の運搬、その後は行方不明者の捜索活動、河川の捜索などを精力的に行い、活動は最終的に12月３日まで続いた。こうした活動の中で、地元の被害の状況や住民の安否を確認するために巡回をし、声をかけて避難誘導を行っていた消防団員が、土砂崩れに巻き込まれて殉職するという痛ましい事態も発生した。

（３）地域の防災力

　平成29年７月九州北部豪雨により被災した福岡県朝倉市、東峰村、大分県日田市は、平成24年の豪雨においても、これほどの被害ではなかったが被災している。内閣府に設置された検討会による現地調査の結果、この２市１町では、５年前の経験を踏まえ、行政と住民が日頃から防災・減災に取り組んでおり、行政からの情報を待たずに住民が自主的に避難をし、また近所同士の声がけで避難することなどにより、被害の軽減に一定程度つながったかことが明らかになった。

　朝倉市では、市役所と住民が協力し、地域住民が参加するワークショップの形で自主防災マップを作成し、平成26年度までに市内のすべての地区で作成を終え、全戸配布をしていた。住民が作成に参加することで自分の住んでいる地域の危険箇所を確認することができ、また、避難場所や避難経路、家族やご近所同士の連絡先などを日頃から確認することなどにも結びついた。自主防災マップの中には、行政が指定する避難所が自宅から遠いため、高台にある民家や旧校舎などを地元自主避難所として記載しており、実際に豪雨災害の際にも避難して助かったという方もいたとのことである。

東峰村では、年1回、大雨のシーズンを控えた6月に村民を対象とした避難訓練を実施し、チラシの全戸配布や地区ごとの防災班長の働きかけなどにより村民の約半数が実際に参加していた。また、村から避難行動要支援者名簿を地域の支援者に提供し、この名簿をもとにして各地区で要支援者とその方をサポートする人の名簿や連絡先などを記載した「避難行動要支援者支援計画」を策定していた。6月の訓練では、この名簿を使って避難の支援や実際に避難しながら避難路や危険箇所の確認などを行った。避難済みか否かが明確になるよう、玄関などに「避難済」の目印となる黄色いタオルを掲示することとし、これらの訓練が今回の災害でも活かされている。

日田市でも、市と住民が協力して、自治会などの自主防災組織ごとにハザードマップをつくり、要支援者の方への支援の方法を決めているほか、住民同士の安否確認のため一部の地域では合意のもとで携帯電話番号を掲載した電話連絡網を作成していた。

（4） 安全との思い込み

このようにこの地域においては、相当に進んだ地域での取組がなされていたが、それでも近所の方などが避難するよう声がけしたものの、自宅に留まって被災した方もおられたとのことである。この災害の犠牲者（死者・行方不明者44名）のうち、被災した場所が自宅又は自宅ではないかと推定される方は18名であるが、平成24年豪雨による被災体験から、自宅にいた方が安全だと判断し、避難行動をとらなかったことや、避難しようとしたときには避難経路が既に危険な状態になっていたなどの理由により避難できなかったとの分析がなされている。

あの時大丈夫だったのだから今回も大丈夫だろう、そう思うことはよくあることである。人間である以上そうした判断になりやすいことを念頭におきつつも、あえて安全確保のために早めの避難行動をとっていただくにはどうするか、なかなか難しい課題であるが、地道な取組を進めていくしかない。住民の方々に地域のハザードを正確に理解いただくための日頃の取組がまずもって重要となる。その上で、危険が迫る過程において住民に可能な限り正確な情報を適時適切に提供することがポイントとなる。

（5）住民への情報提供

福岡県と朝倉市では、平成28年10月に大雨による土砂災害を想定した避難勧告等の発令・伝達のほか、避難判断のためのロールプレイ形式の訓練も実施していた。これにより、住民への避難情報を周知するタイミングなど、職員の情報判断力、情報伝達能力が向上し、平成29年豪雨災害においては、躊躇なく避難勧告等が発令できたとしており、多くの地区で大きな被害が発生する前の段階で避難勧告等を発令することができていたようである。

しかしながら、一部の地域では、避難勧告を発令したタイミングでは既に河川氾濫が発生しており、避難行動が困難になっていた可能性も考えられた。これは、洪水予報河川や水位周知河川以外の中小河川の一部については避難勧告等の発令基準が未だに策定されていないか定量的な基準となっていなかったことも原因と思われ、洪水予報河川や水位周知河川以外の河川について、市町村による避難勧告等の発令基準の策定を促進していく必要がある。

平成24年豪雨の際は朝倉市においては筑後川本川の水位上昇によって被災した経験から本川の水位情報等を注視していたが、今回被害が大きかった赤谷川等の中小支川での洪水被害は必ずしも想定できておらず、地形情報等を活用した山地部の中小河川で水害の危険性が高い地域にかかる情報提供の必要性が再認識された。

また、水位計や監視カメラが設置されていた河川では比較的現地の状況が把握しやすかった（日田市では12基の河川監視カメラの画像を一つのディスプレイで監視できる体制を構築するとともにＨＰで公開）が、それ以外の河川においては現地状況の把握が難しかったこと、一方で、国、県といった河川管理者や地方気象台からのホットラインによる直接的な助言が避難勧告等の判断に活かされたとの声もあったようである。

3　平成30年7月豪雨災害を振り返って

（1）　平成30年7月豪雨（西日本豪雨）災害による被害

平成30年（２０１８年）６月28日㈭から7月8日㈰にかけて、台風７号や停滞した梅雨前線の影響により、西日本から東海地方を中心に全国的に広い範囲で記録的な大雨となった。

気象庁は、７月６日17時10分、福岡県、佐賀県、長崎県に、同日19時40分、岡山県、広島県、鳥取県に、同日22時50分、兵庫県、京都府に、７日12時50分、岐阜県に、８日５時50分、高知県、愛媛県に、数十年に一度の大雨になると予想される大雨特別警報を発表した。

この豪雨による総降水量は、高知県安芸郡馬路村魚梁瀬で1、８５２・５㎜、岐阜県郡上市ひるがので1、２１４・５㎜となるなど、平年の７月一か月分の降水量の2倍から4倍となるところがあった。特に、豪雨の期間とほぼ一致する平成30年７月上旬（10日間）の全国の総降水量は、昭和57年（１９８２年）以降の各旬（各月の上旬、中旬、下旬）の中で最も多くなった（総降水量１９５、５２０㎜、１地点あたり２１６・８㎜）。これは、平成29年九州北部豪雨の時期（平成29年7月上旬）の総降水量８６、３１１㎜、１地点あたり９５・７㎜（過去3番目）の2倍以上であった。

この広域にわたる記録的な豪雨の原因は、

①多量の水蒸気が２つの方面から流れ込み西日本付近で合流して持続したこと、

②梅雨前線が停滞し、さらに台風７号から変わった温帯低気圧等の影響で前線の活動が活発になり持続的な上昇気流が形成されたこと、

③線状降水帯が68回観測されるなど、広範囲に線状降水帯が形成されたことが要因として挙げられている。

気象庁は「平成30年7月豪雨」と命名した。

被害は、住家の床上・床下浸水まで含めれば33道府県に及ぶ。死者・行方不明者は14府県で２４５名と、風水害においては昭和57年7月に死者・行方不明者が３００名であった長崎大水害以来に次ぐ災害となった。住宅被害も、全壊６、７６７棟、半壊１１、２４８棟となった（平成31年1月9日現在）。

特に被害が大きかったのが、広島県、岡山県、愛媛県である。死者・行方不明者は、広島県では広島市、呉市、東広島市、三原市、熊野町、坂町を中心に１２０名、岡山県は倉敷市を中心に69名、愛媛県では宇和島市、松山市、大洲市、西予市を中心に31名となった。

（2） 被害の態様

この豪雨災害については、大きく3つの災害被害に大別できる。第一は、広島県内及び愛媛県宇和島市等における、豪雨に耐え切れず起こった土砂災害、第二は、岡山県倉敷市真備町地域を中心とした川の氾濫による浸水被害、第三は、愛媛県大洲市・西予市におけるダムの放流による被害である。

瀬戸内海に浮かぶ愛媛県松山市怒和島では、小学校の全校児童は6人であり、「島の宝」といわれていたが、小学3年生と1年生の女児が、母親とともに自宅で土砂に飲み込まれて亡くなった。

広島市では平成26年の広島豪雨災害の何倍もの規模で豪雨による土砂崩れが起こった。花崗岩が風化して細かくなった「まさ土」を含んだ土砂が広範囲に流れ出し、多くの命が奪われた。平成26年の経験があっただけにかなりの対応はしていたと思われる。それでも多くの方が亡くなられたのは残念である。平成26年の災害後、土砂を止める砂防提が建設され、建設された以上は安全だと思い避難しなかったという住民もおられた。行政として砂防堤の整備などにより安全性を高める努力は今後とも続けていかなければならないが、それでもいざという時には避難をしていただくことも徹底していかなければならない、なかなか難しい課題である。

この平成30年7月豪雨において土砂災害により亡くなられた方は119名。そのうち被災位置を特定できた方は107名、このうち94名の方が、土砂災害防止法上の土砂災害警戒区域で被災している（図2－7）。土砂災害警戒区域がどう指定されているかもハザードマップで知ることができるが、この土砂災害警戒区域で9割の方が被災していることに鑑みても、ハザードマップを理解しておくことがいかに重要かがわかる。

図2－7　人的被害発生箇所における土砂災害警戒区域の指定状況

◆土砂災害による死者は119名(53箇所)、このうち、現時点で被災位置を特定できたのは107名(49箇所)
◆うち、94名(42箇所)は土砂災害警戒区域内等で被災
※平成30年8月15日 13:00時点
※今後の精査により、情報が変わる可能性がある。

	全国	その他府県 (愛媛県、京都府、岡山県、山口県等)	広島県
区域内	６９名（３２箇所）	２８名（１７箇所）	４１名（１５箇所）
区域外 (基礎調査は未了だが危険箇所として把握)	２５名（１０箇所） 94/107名 (88%)	１名（１箇所） 29/32名 (90%)	２４名（９箇所） 65/75名 (87%)
区域外（上記以外）	１３名（７箇所）	３名（２箇所）	１０名（５箇所）
不明	１２名（４箇所）	０名（０箇所）	１２名（４箇所）
計	１１９名 （５３箇所）	３２名 （２０箇所）	８７名 （３３箇所）

国土交通省 社会資本整備審議会河川分科会大規模広域豪雨を踏まえた水災害対策検討小委員会 資料をもとに内閣府にて作成

岡山県倉敷市真備地区では、北から瀬戸内海に注ぐ高梁川に西から合流する小田川と、この小田川に北から流れ入る5m程度の川幅の高馬川と末政川の堤防が決壊し、真備地区の面積の3割に近い1、200haが最大5m40cm浸水し、51名の方が犠牲になった。

高梁川と小田川の合流点付近が湾曲し、かつ川幅が狭くなっているため、大量の水が流れ込んだ際に勾配の緩やかな上流側の水位が上昇する「バックウォーター現象」が起きたことも原因の一つと言われている。この2つの河川の合流地点の近くでは、昭和57年などにも大規模な浸水被害が発生しており、河川改修の工事を始めることとしていたところだった。

今回浸水した地域は、倉敷市が作製していた堤防決壊時に想定される浸水区域を示したハザードマップともおおむね一致している。(図2－8)河川の氾濫等により浸水被害が発生する場合、浸水の程度は土地の高低によるわけで、ハザードマップのとおり被災するというのはある意味当然ともいえる。ハザードマップは全戸に配布

図２−８　倉敷市真備地区の浸水状況とハザードマップとの比較

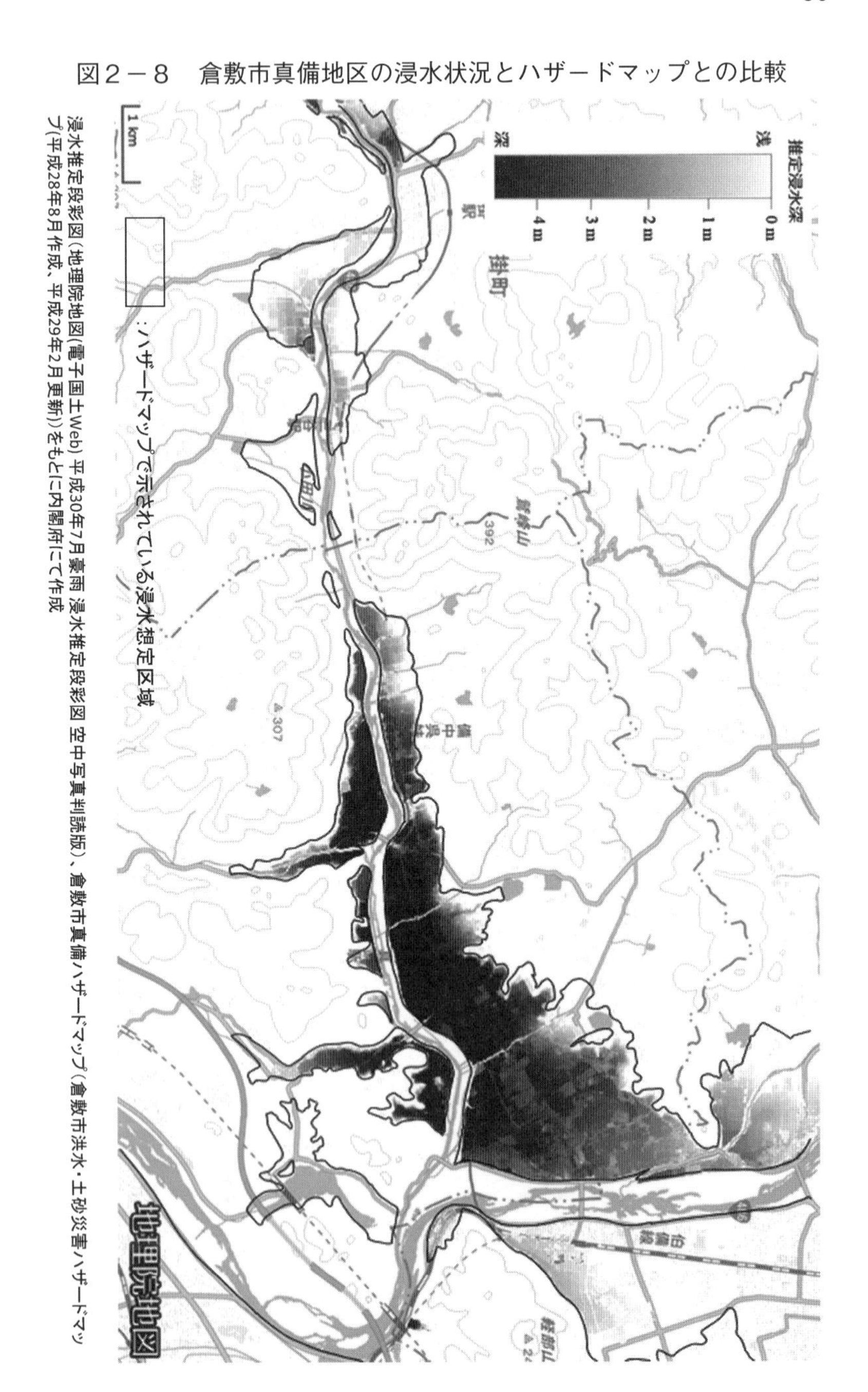

浸水推定段彩図（地理院地図(電子国土Web) 平成30年7月豪雨 浸水推定段彩図 空中写真判読版）、倉敷市真備ハザードマップ（倉敷市洪水・土砂災害ハザードマップ(平成28年8月作成、平成29年2月更新)をもとに内閣府にて作成

図２－９　兵庫県立大学阪本准教授調査「ハザードマップを知っていたか」

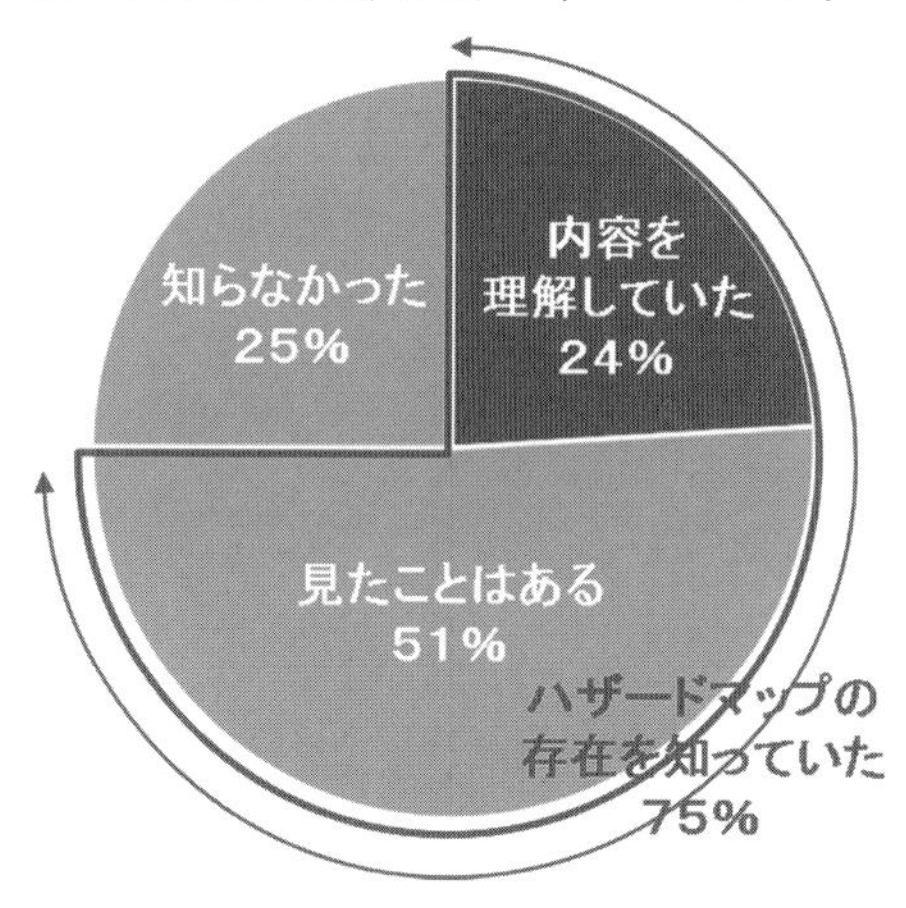

アンケートは倉敷市真備町地区で被災して避難所、親族宅などで暮らしたり、同地区で復旧作業に当たる男女100人（男54人、女46人）に7月28日に面談方式で実施

阪本真由美（兵庫県立大学）・松多信尚（岡山大学）・廣井悠（東京大学）が山陽新聞社とともに実施した調査に基づき内閣府にて作成

もされていたが、内閣府に設置された検証の場に提出された兵庫県立大学阪本准教授の調査（図２－９）によれば、75％の住民はハザードマップの存在を知っていたが、内容を理解していた住民は24％であったとのことである。報道のインタビューに対しても、被災した多くの住民の方々は、「まさかこんなことが起きるとは思っていなかった」「過信していた」と答えていた。

一方で、真備地区の一部の地区では、自治会の世話役の方が家々を回り避難を呼びかけて地区全体で避難することにより難を逃れたことも報道されていた。早期の避難実現には、いかに地域の力が重要かである。真備地区は、平成17年に倉敷市に合併した旧真備町を区域とする地域である。市町村行政の効率化を進める以上、合併は避けて通れない課題であった。しかし、単に合併しただけでは行政と住民との距離は遠くなる。そうならないよう、合併後の支所が支所としてしかるべき機能を果たすべきであるし、なお一層地域の力が重要となる。

それにしても、亡くなられた51名のうち43名が屋内で水死し、そのうち42名の方が1階で亡くなられていたというのは残念でならない。一般に、土砂崩れに襲われる場合や、土石流、流木等を伴う強い流れに襲われた場合には、命を守ることは、なかなか難しい。しかし、下からの浸水の場合は、2階に上がり、ベランダに上がり、場合によっては屋根に上り、救助を待つことにより、命を救えることも多い。平成27年の鬼怒川が氾濫した関東・東北豪雨においても、多くの人が救助され、人的被害は一定の範囲であった。

被災された方のほとんどは65歳以上の方だったとされているが、夜中に浸水したとはいえ、事前に2階に上がっていれば守れた命もあったと思われるし、一方で、これだけ多くの方が亡くなられたということは、よほど水が上がってくるスピードが速かったとも想定される。

この地域にあった老人福祉施設の入所者については、早期に系列の福祉施設に早めに避難したとのことである。平成28年の台風10号による豪雨災害の経験が生かされた形となった。一方で、施設にはおられない自力では避難が困難な方の支援の重要性がクローズアップされることにもなる。各地域における取組がどうしても必要な課題である。

菅官房長官は、この豪雨災害発生後の記者会見において、数度にわたり「これまでとはけた違いの豪雨災害が繰り返し発生している。気象庁が発表する防災気象情報と自治体に避難情報の連携などを含め検討していく必要がある。」と述べ、内閣府において検討が進められた。

愛媛県では、肱川に設置されている野村ダムや鹿野川ダムの水かさが急激に高まり、ダムが満杯に近づく中、放流量を流入量まで増加させる異常洪水時防災操作に移行し、放流を行ったところ、ダム下流の大洲市では、床上浸水2、087棟の被害が発生し4名の方が亡くなり、西予市では、床上浸水570棟の被害が発生し、５名の方が亡くなられた。放流にあたり、関係機関に数次にわたり情報提供を行っているが、ダムの操作及び住民への情報提供について国土交通省に有識者からなる検証の場が設置されるとともに、この検証を踏まえた異常豪雨の際のダム操作及び情報提供・住民周知にかかる検討が進められた。

（３）消防機関の活動等

平成30年７月豪雨は、各地域に甚大かつ広範に被害をもたらした。地元消防の対応は困難を極めたと思う。また、九州から関西まで広範囲に、同時多発的に大きな豪雨災害が発生することは、これまでなかったことである。緊急消防援助隊についても、隣接した都道府県から出動させることができれば、被災地での活動開始までの時間が短縮できるなど効果は大きいが、隣接する県も地元の災害に対応しなければならず、どの県に出動要請するかについて消防庁も頭を痛めつつも早期派遣に取り組んだと聞いている。

結果的には、岡山県、広島県、愛媛県、高知県において、九州から関東まで多くの県の緊急消防援助隊が活動することとなった。陸上隊は延べ３、４４２隊１３、３７２名、航空隊（ヘリ）は、延べ２７１機１、９１５名が活動した。最も被害が大きかった広島県においては、７月６日から31日までの26日間の活動となった。

愛知県の隊は、広島県で活動する予定で出動したが、変化する災害の状況を踏まえ、岡山県で活動することに変更することになり、岡山県倉敷市真備地区における救助にあたった。岡山隊の一翼を担う名古屋市消防局は、公式ツイッターで、「倉敷市真備町で救助活動を開始します。不安な気持ちでいっぱいだと思いますが、遅くなりましたが救助はすぐそばまで来ています。必ずあなたを助けます。」とメッセージを送った。

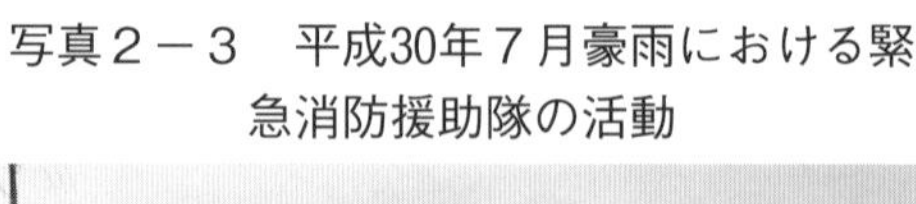
写真２－３　平成30年７月豪雨における緊急消防援助隊の活動

救助は一人また一人と行っていく。救助を待つ人へのこのメッセージは多くの人の共感を呼んだところである。

　東日本大震災のように災害発生と同時に災害の規模や程度が判断できる地震とは異なり、今回のような豪雨災害は、消防庁長官から各県に緊急消防援助隊の出動の「要請」を行った後も、刻々と推移する災害の状況を踏まえて対応しなければならない。また、政府に非常災害対策本部が設置されたことなども考慮し、緊急消防援助隊の出動について、法的拘束力を持つ「指示」に切り替える初めての例となった。

　また、総務省では、大規模災害からの被災住民の生活再建を支援するため、災害時に応援職員を確保するために自治体同士を組み合わせる「対口（たいこう）支援（カウンターパート支援）システム」や「災害マネジメント総括支援員制度」（注２－１）を構築していたが、今回の豪雨災害において初めて運用することになった。前例のない災害が繰り返し起こるなかで、こうした新たな取組も進みつつある。

（注２−１）災害マネジメント総括支援員制度：災害対策の陣頭指揮を執るなどにより災害対応に関する知見を有し、総務省・消防庁において専門の研修を受け、管理職経験のある、災害マネジメントに精通した自治体職員を総務省の名簿に登録し、大規模災害の際に被災団体に派遣する制度

（４）住民の避難行動を促す防災情報の在り方等の検討

平成30年７月豪雨の被災状況を検証し、住民の避難行動を促すための検討を進めるため、中央防災会議のもとに「平成30年７月豪雨による水害・土砂災害からの避難に関するワーキンググループ」が設置され、検討が進められた。平成31年１月８日に、このワーキンググループの提言が中央防災会議・防災対策実行会議に報告された。

このワーキンググループの提言のポイントの第一は、「住民が『自らの命は自らが守る』意識を持って自らの判断で避難行動をとり、行政はそれを全力で支援するという、住民主体の取組強化による防災意識の高い社会を構築する」ことを目指すべきとし、行政は防災対策の充実に不断の努力を続けていくが、防災対策の維持・向上のためには、行政を主とした取り組みではなく、国民全体で共通理解のもと、住民主体の防災対策に転換すべきであることを明確にした点である。この提言の最後に、「国民の皆さんへ」と題した要請文がある。考え抜いた文章となっている。そのまま以下に引用したい。

〈国民の皆さんへ　～大事な命が失われる前に～〉

- 自然災害は、決して他人ごとではありません。「あなた」や「あなたの家族」の命に関わる問題です。
- 気象現象は今後更に激甚化し、いつ、どこで災害が発生してもおかしくありません。
- 行政が一人ひとりの状況に応じた避難情報を出すことは不可能です。自然の脅威が間近に迫っているとき、行政が一人ひとりを助けに行くことはできません。
- 行政は万能ではありません。皆さんの命を行政に委ねないでください。
- 避難するかしないか、最後は「あなた」が判断です。皆さんの命は皆さん自身で守ってください。
- まだ大丈夫だろうと思って亡くなった方がいたかもしれません。河川の氾濫や土砂災害が発生してからではもう手遅れです。「今、逃げなければ、自分や大事な人の命が失われる」との意識を忘れないでください。
- 命を失わないために、災害に関心を持ってください。
  - あなたの家は洪水や土砂災害等の危険性は全くないですか?
  - 危険が迫ってきたとき、どのような情報を利用し、どこへ、どうやって逃げますか?
- 「あなた」一人ではありません。避難の呼びかけ、一人では避難が難しい方の援助など、地域の皆さんで助け合いましょう。行政も、全力で、皆さんや地域をサポートします。

図２－10　水害・上砂災害の警戒レベルの運用（イメージ）

警戒レベル	住民が取るべき行動	住民に行動を促す情報	住民が自ら行動をとる際の判断に参考となる情報			
		避難情報等	洪水に関する情報		土砂災害に関する情報	気象に関する情報等
			水位情報がある場合	水位情報がない場合		
（洪水・土砂災害）**警戒レベル5**	既に災害が発生しており、命を守るための最善の行動をとる	災害の発生情報（出来る範囲で発表）	氾濫発生情報			・水位情報 ・防災気象情報（台風情報 等） ・雨量情報等
（洪水・土砂災害）**警戒レベル4**	屋内での待避等の安全確保措置等、直ちに命を守る行動等	避難指示（緊急）		・洪水警報の危険度分布（極めて危険）	・土砂災害警戒判定メッシュ情報（大雨警報（土砂災害）の危険度分布）（極めて危険）	
	速やかに立退き避難等	避難勧告	氾濫危険情報	・洪水警報の危険度分布（非常に危険）	・土砂災害警戒情報 ・土砂災害警戒判定メッシュ情報（大雨警報（土砂災害）の危険度分布）（非常に危険）	
（洪水・土砂災害）**警戒レベル3**	高齢者等は立退き避難 その他の者は立退き避難準備等	避難準備・高齢者等避難開始	氾濫警戒情報	・洪水警報 ・洪水警報の危険度分布（警戒）	・大雨警報（土砂災害） ・土砂災害警戒判定メッシュ情報（大雨警報（土砂災害）の危険度分布）（警戒）	
（洪水・土砂災害）**警戒レベル2**	避難に備え自らの避難行動を確認する	洪水注意報 大雨注意報	氾濫注意情報	・洪水警報の危険度分布（注意）	・土砂災害警戒判定メッシュ情報（大雨警報（土砂災害）の危険度分布）（注意）	
（洪水・土砂災害）**警戒レベル1**	災害への心構えを高める	警報級の可能性				

避難勧告等の発信にあたり、警戒レベルが分かるように発信

防災情報の発信にあたり、タイトルに【洪水（又は土砂災害）警戒レベル○参考情報】と付すなど参考となる警戒レベルが分かるように発信

（避難勧告等に関するガイドラインの伝達文例に追記（下線部分））

例）避難勧告の伝達文
■緊急放送、緊急放送、避難勧告発令。洪水警戒レベル4。
■こちらは○○市です。
■○○地区に○○川に関する避難勧告を発令しました。
■○○川が氾濫するおそれのある水位に到達しました。
■速やかに避難を開始してください。
■避難場所への避難が危険な場合は、近くの安全な場所に避難するか、屋内の高いところに避難してください。

（出典：第３回　平成30年７月豪雨による水害・土砂災害からの避難に関するワーキンググループ（平成30年12月12日）資料５より抜粋）

この提言の第二のポイントは、豪雨による浸水や土砂災害の危険が高まった際の各行政機関から出される警報や市町村から発令される避難勧告等について、警戒レベルを5段階に分けて整理し、わかりやすい体系にしたことである（図2－10）。

例えば、河川の氾濫や土砂崩れなどすでに災害が発生した場合は「警戒レベル5」であり、住民には、「命を守るための最善の行動」を求める。避難指示（緊急）や避難勧告は「警戒レベル4」であり、「直ちに命を守る行動」「速やかに避難」を求め、避難準備・高齢者等避難開始、洪水警報、大雨警報は「警戒レベル3」であり、「高齢者等に避難を求める」とするものである。

危険度を5段階に整理することにより、気象情報と避難に関する情報の関係等はかなり国民の皆様にも分かりやすいものとなったと思う。ただ、現実に災害の時に避難行動に結びつけることが重要である。この提言においても、災害リスクのある全ての地域であらゆる世代の住民に普及啓発する、そのために専門家による支援体制を整備する必要性を指摘しているが、一歩ずつ取り組みを進めていかなければならない。

4　豪雨災害から命を守るために

近年、「線状降水帯」が原因であるとする豪雨の事例が多い。気象庁は、「線状降水帯」を、「次々と発生する発達した雨雲（積乱雲）が列をなした、組織化した積乱雲群によって、数時間にわたってほぼ同じ場所を通過または停滞することで作り出される、線状に伸びる長さ50～300km程度、幅20～50km程度の強い降水をともなう雨域」と定義している。

図２－11　アメダスで見た短時間強雨発生回数の長期変化について

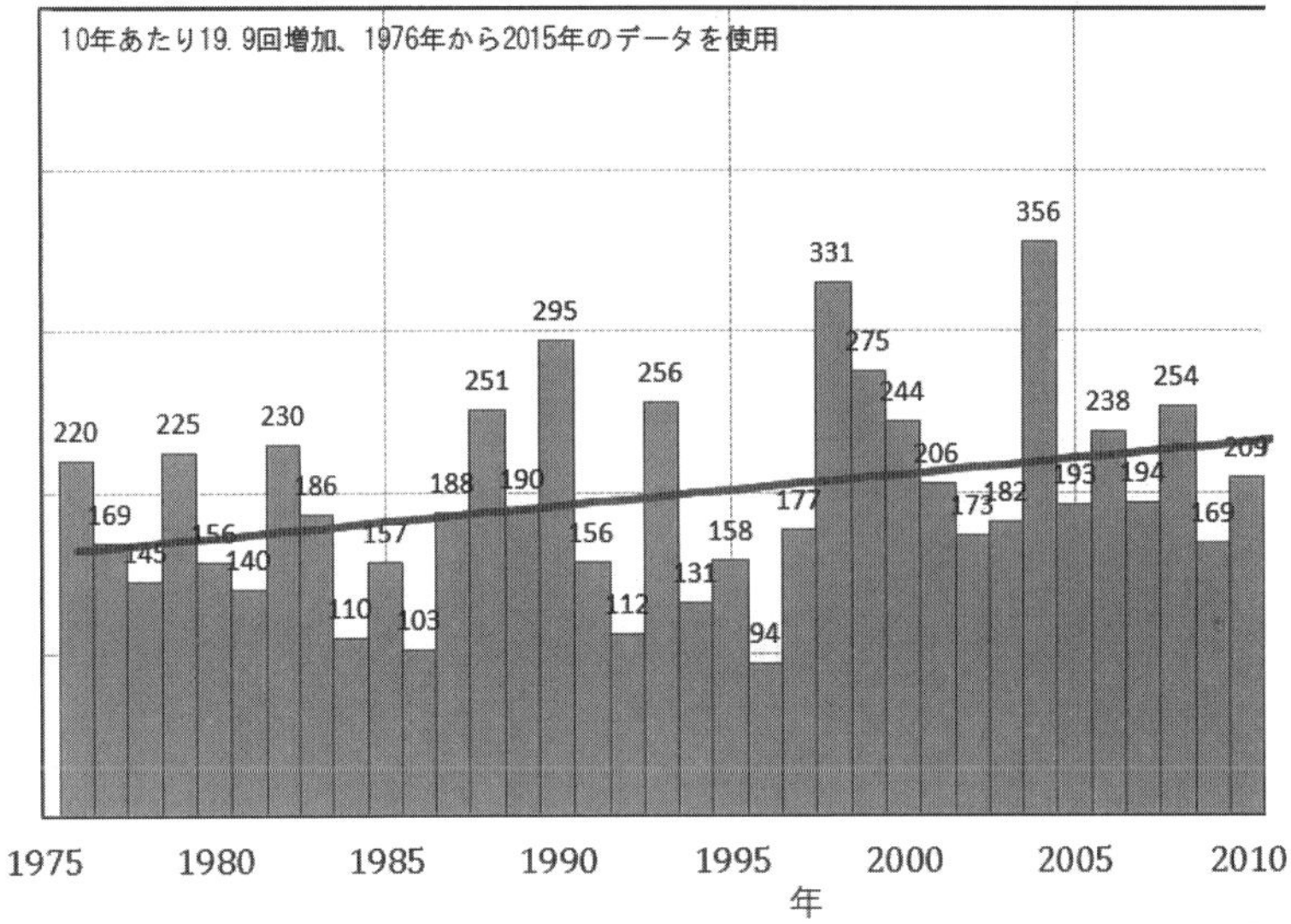

10年あたり19.9回増加、1976年から2015年のデータを使用

（出典：気象庁ホームページ）

本書において取り上げた平成30年７月豪雨、平成29年７月九州北部豪雨、平成28年の台風10号による豪雨災害、さらには、平成27年の鬼怒川が決壊氾濫した関東・東北豪雨も、平成26年の広島市に大きな土砂災害をもたらした豪雨災害も、みな線状降水帯によるものとされている。あまり広くない区域に集中的に猛烈な雨を降らす。地球温暖化が影響しているという説も有力であり、こうした事象がさらに多くなると思わなければならない。それにしても、平成30年７月豪雨においては、広範囲に68回も線状降水帯が観測されたという。これまで起きなかったことが起きている。平成28年の台風10号による被害も、東北地方の太平洋岸に台風が直撃した歴史上はじめての事であった。

図２－11のとおり、１時間水量が50㎜以上となる降雨が１年間に発生する回数（アメダス１、０００地点あたりの発生回数）の最近40年間の推移を見ると、10年あたり19・9回増加しており、ここ40年間

で概ね4割増えている。気象現象はさらに厳しくなり、こうした豪雨災害は、今後増えていくという前提に立って対策を考えていかなければならない。

昭和22年あのカスリーン台風の上陸により利根川の堤防が、東村と川辺村（現加須市）で決壊し、埼玉県東部及び東京都東部に甚大な被害をもたらしてから70年が経った。河道の整備、堤防の強化、ダムの整備、さらには内水を江戸川に流す首都圏外郭放水路の整備等により、治水の機能は格段に上がっているとはいえ、気象現象が厳しくなる中で、いざという時の対応を忘れてはならない。

また、線状降水帯による豪雨は、土砂災害を起こしやすく、中小河川では一気に水位が上がり流木等により大きな被害をもたらす。比較的短い時間で災害を起こすことに注意しておく必要がある。

こうした水害から住民の命を守るには、いかに土砂崩れや洪水が起きる前に避難するかにつきる。平成28年の台風10号による災害以降、災害対策基本法上の避難勧告等の仕組の見直しが行われ、また、河川の水位の情報等についても、より詳細な情報を把握できるようになった。平成30年7月豪雨の検証を踏まえ、各行政機関から出される警報や市町村から発令される避難勧告等について一定の整備（図2－10）がなされたが、各市町村が的確に避難勧告等の発令を行わなければならないことには変りはない。各市町村におかれては、空振りを恐れず発令してほしい。そのためにも、いかなる場合に避難勧告等を行うのかの基準を事前に明確にしておくことである。

基準に該当すれば発令することとすると、空振りになることも当然ありうる。空振りの発令は、住民の方々に負担を負わせることになるが、危機管理とはそういうものである。安全をみて発令する以上は、かなりの確率で空振りになることの方が自然である。結果として空振りになったら被害がなくてよかったということなのである。

火事が起きた時に、消防車10台が駆け付け、短時間で消火できたとして、3台で十分だった、無駄なコストがかかったという人はいないと思う。

米国のFEMA（Federal Emergency Management Agency of the United State：連邦緊急事態管理庁）等で採られている、大規模な災害が起きた場合のトップに立つ者の行動原理は、以下の3点である。

① 疑わしいときは行動せよ
② 最悪事態を想定して行動せよ
③ 空振りは許されるが、見逃しは許されない

災害対策基本法は市町村長に大きな責務を負っていただいている仕組みである。市町村長は、河川の専門家でもなければ、危機管理の専門家でもない人がほとんどであり、申し訳ない気もするが、やはり、地域のことを熟知している市町村長にお願いするしかない。重い責任を負う市町村に対し、国や都道府県が、丁寧に必要な情報を確実に提供するなどのできる限りの協力をしていくことが重要である。

いかに行政側が的確に対応したとしても、最終的に避難するか否かは、住民の方々の判断によらざるを得ない。平成30年7月豪雨の被害を踏まえ、もっと強制力のある避難の実行を図るべきとの声もあるが、刻々と変化する状況のなかで、行政当局が地域に出向いて実効ある避難を実現するための対応をすることは、物理的に困難である。住民の理解や地域の力に頼らざるを得ない。

したがって、日頃から、住民の方々に、住んでいる場所の危険性や、どういう場合に避難が必要かについて十分に理解いただくことが重要となる。河川を管理する国の事務所や都道府県のホームページには、河川

が氾濫した場合の水位を示すハザードマップが載っている。それぞれの市町村も、土砂災害、洪水災害の危険性を示すハザードマップを整備している。こうした情報を日頃から住民の方に見てもらい理解を深めてもらう工夫も重要である。地区ごとに住民自らワークショップ形式で自主防災マップ作りを行った朝倉市の取組は参考になる。

また、インターネットにアクセスしない方々のために、ホームページに掲載するだけでなく、公民館、図書館などの公的施設において掲示することももっとあってしかるべきと思う。学校において教材として使うなどの取組も期待される。

平成29年、長野県宮田村に講演のために伺った。駒ケ岳を背後に抱える村であるが、駒ケ岳から流れてくる3つの沢の防災カメラの映像を、地元のケーブルテレビやスマートフォンから誰でも見ることができる仕組みを導入していた。日頃から、住民の方々に関心をもってもらい、いざという時の判断材料を住民が確保できるという点で効果が期待される。

高齢化が進む中での重要な課題は、一人では避難することが困難な要支援者の避難誘導である。浸水想定区域や土砂災害警戒区域にある福祉施設等については、前述のとおり、施設管理者に避難確保計画の策定と訓練が義務付けられた。では、そうした区域に例えば一人で住んでおられる要支援者の対策はどうするか。個々の要支援者ごとにサポートするための計画がどうしても必要となる。地域においてこうした計画を策定できれば、その地域については、地域全体としての早期避難が実現しやすくなると思われる。

その上で、やはり訓練を行うことが最も効果的であると思う。いざ避難をする際に課題となるのは、誰がどんな役割分担で避難誘導するかであるが、訓練のなかで確認できる。避難に時間がかかる方については、指定避難所ではなく被害の恐れのない友人宅等をあらかじめ避難場所とした方がいいということも、こうした実践のなかで明らかになる場合もあると思われる。いざという時のことを具体的に想定した取組が大切な命を守ることにつながる。

第3章　大規模市街地火災等

1　平成28年糸魚川市大規模市街地火災を振り返って

（1）糸魚川大規模市街地火災の概要

平成28年（２０１６年）12月22日㈭10時20分頃、新潟県糸魚川市のラーメン店から、中華鍋をかけたコンロの火の消し忘れにより出火した。火元の建築物が立地していた区画は、昭和初期に建てられた防火構造ではない木造の建築物が密集した地域であった。当日は、朝から強い南風が吹いており、次第に強くなる南風（最大瞬間風速は27・２ｍ／ｓ（11時40分、糸魚川市消防本部にて観測）による火元や延焼した建物から風下側の木造建築物への飛び火により大規模な火災となった。

糸魚川市消防本部は、当初風速が強い場合の基準である第二出動に近い体制で出動し、その後、消防団と連携し、ほぼ全ての消防力を投入して対応したが、強風のため消防力を超える火災となり、隣接消防本部及び県内の消防本部の応援も受けつつ、東側と西側への延焼拡大を阻止しながら、長時間にわたり懸命に活動し、出火から約11時間後に鎮圧し、約30時間後に鎮火（注３－１）するに至ったものである。火元から北側は海岸線に近い国道まで焼失することとなり、焼損棟数は１４７棟、焼損床面積は３万㎡を超える、昭和51

写真３－１　被災した地域の状況

写真３－２　火災の状況と消火活動

年（1976年）10月29日㈮の山形県酒田市の大火以来の大規模な市街地火災となった。

一般の方が2名、消防団員が15名負傷したものの、住民の避難については、極めて適切に行われ、死者の発生はなく人的な被害は小さかった。火災覚知直後の10時30分頃に防災行政無線の屋外スピーカーや個別受信機（被災エリア世帯の約6割が設置）により、火災発生を周知・伝達し、自治会、地元住民、市職員、消防団員の避難の声掛けとともに、警察とも連携して避難誘導が行われた。当初は海に近い指定された避難場所に避難したが、延焼の拡大に伴い、南側へ避難場所を変更した。

昭和20年代、30年代の消防にとっての最大の課題は市街地大火の続発であり、その後、都市構造の改善、建築物の防火、消防力の整備に力を入れてきた。昭和51年の酒田大火以降もこうした取組を進めてきており、この糸魚川市大規模火災は、関係者に大きな衝撃を与えた。

（注３－１）「鎮圧」、「鎮火」とは、現場指揮者が、それぞれ、「消防隊の火災防御活動により延焼拡大の危険がなくなったと認定した」、「再燃の恐れがないと認定した」状態を指す。

（２）飛び火による延焼と強風下の消防活動

この糸魚川の火災においては、強風により、火元及び延焼先から大量の火の粉や燃えさしが広く飛散し、風下側の木造家屋への飛び火によって、糸魚川市消防本部が把握しているところでは10か所で同時多発的に延焼拡大した。道路を超えた延焼もあり、多くの部隊の転戦が必要となるとともに、指揮本部自体も数度にわたり場所の移動を余儀なくされ、消火活動は困難を極めた。

この強風では、早い段階で消火できない限り、北側に海岸沿いの国道まで延焼してしまうことは避けられなかったと思う。次第に部隊が東西方向への延焼防止を中心に活動したこともうなずけるところである。

フェーン現象による南からの空っ風のなか、消防本部は警戒するよう呼び掛けてはいた。ただし、風が徐々に強くなった（11時40分に最大瞬間風速を記録）こともあり、初期段階では強い風を強く意識した対応ではなかった。強風下における消火活動要領等が整備されていなかったことも一因かと思われる。小さな消防本部にとって、火勢が強まる中で十分でない消防力の一部を飛び火警戒に振り向けるという判断も難しかったかもしれない。

昭和20年代には、市街地大火が相次いだ。昭和22年（１９４７年）４月20日㈰の長野県飯田市の大火では、街の南西部から出火し、フェーン現象による強風もあり、街のほぼ全域48・２万㎡が焼失した。その後も大火が続く中、昭和30年消防庁から「烈風下の消防対策について」通知がされているところであるが、なんといっても、昭和51年の酒田大火以来こうした強風下での市街地大規模火災が起きていないことが、最初から強く強風を意識した作戦にならなかった要因と想定される。

この糸魚川市大規模火災については、後述するように有識者からなる検討会において徹底した検証がなされたが、この検証及び各消防本部における取組の状況を踏まえて、平成29年12月消防庁から、「強風下における消防対策について」の通知がされた。

- 強風下においては、火災初期を過ぎた頃から飛び火の危険性が一気に高まる。
- 風横及び風下への延焼阻止を主眼として活動する。筒先は風横側に優先して配備する。
- 強風下では、高圧のストレート放水を基本とする。
- 飛び火は必ず発生するものと考え、消防団とも連携の上早期の段階で特定の部隊を飛び火警戒にあてる。
- 飛び火警戒にあたっては、警戒拠点、高所見張所等を設定し、巡ら班を含め、情報確保に努め、相互の連絡手段を確保する。

といった具体的な作戦要領を改めてまとめたものである。各消防本部の実効ある取組を期待したい。

（3） 糸魚川市大規模火災の検証と対策のための検討会

この火災の数日後、私も現場に向かった。現場に行った理由は3つである。第1に40年間起きなかった大規模市街地火災の現場を自分の目で確認すべきと思われたこと、第2にこの大規模火災と戦った消防職員・消防団員を激励すること、第3に今回の火災について全国の消防のためにも徹底的な検証をすべきことを伝える必要があったためである。

火元周辺の建築物は燃えやすい構造であったが、延焼した周辺地域は、約9割が木造建築物であったとはいえ、比較的新しい建築物も混在し、消防車両が進入可能な道路も整備されている、むしろ日本全国どこにでもある街である。また、糸魚川市が全国的に見て特に強風の日が多い地域というわけでもない。

火元周辺が燃えやすい区域であったことに加え、大変な強風であったという悪条件が重なって大規模市街地火災になったわけだが、同じように悪条件が重なれば、同じような火災がどこでも発生しうると考えなければならない。この火災について徹底的に検証するとともに、再発防止策を検討するための有識者からなる検討会を設置することになった。座長は火災のみならず防災全般に大変詳しい兵庫県立大学大学院減災復興政策研究科長・教授の室﨑益輝先生にお願いした。

この検討会の初回の会合で、室﨑先生は「もはや市街地における大規模火災は発生しないのではないか、と油断していたのかもしれません」と述べられた。検討会は1月下旬から4月下旬まで6回にわたり集中的に開催することとなったが、検討会の報告書の冒頭に室﨑先生は、自らの言葉として同じ言葉を書き残された。

もちろん現場消防が油断していたという意味ではない。すべての関係者がこうした火災は起きないものと油断していた、心の隙があったことを反省し、徹底した検証を行うとともに、こうした火災を防ぐための対策を進め、わが国全体の消防力の強化を図らなければならないという決意を述べられたのだと思う。

消防庁消防研究センターが中心となって検証を行い、その結果に基づき検討会で議論をいただき、平成29年5月19日付で、全国の消防本部等において取り組むべき事項を通知した。

（４）危険性が高い地域の指定と火災防御計画の策定

糸魚川市の火災の特殊性の一つは、火元の区域に燃えやすい建築物が密集していたことである。昭和７年（１９３２年）12月21日㈬、糸魚川市においては、今回の火災と同様、フェーン現象による強い南風のなか、今回の被災地域を含む地域で３６８棟が全焼する大火が発生している。今回の火災の火元となった建築物は昭和11年頃に建てられ、その後２度の増築を経ているが、昭和35年の準防火区域の指定以前に形成された区画であり、いわゆる既存不適格の木造建築物（注３－２）が密集していたと推定される。

この糸魚川の火元区域以上に広く危険性の高い木造建築物が密集している地域もあれば、地勢や道路狭隘等により消防車両の進入が困難な地域もある。地元消防本部は、そうした地域の弱点を十分把握しているが、今回の火災の重要性に鑑み、改めて科学的に危険性が高い地域を指定し、そうした地域で火災が起きた場合には特別の対応を求められることから、そうした地域にかかる防御計画を策定し、関係者間で共有するよう要請した。

手法としては、消防活動の困難性からの危険性の把握、都市整備部局と連携しての延焼危険性の評価、さらには消防庁消防研究センターが開発した延焼シミュレーションの活用等による危険性の把握を挙げている。この延焼シミュレーションの活用については、各地で研修会も行った。

例えば、岡崎市においては、都市整備部局による判定調査により危険度の高い区域を指定しており、また、東京消防庁においては、自らの延焼シミュレーションにより、町丁目ごとに危険度を10段階で評価し、公表している。こうした取組が全国で進むことになる。

（注３−２）既存不適格建築物：建築時には適法に建てられた建築物であって、その後の法令の改正や都市計画の変更等によって現行法に対して不適格な部分が生じた建築物のこと。原則として、増改築等を実施する機会に法令の規定に適合させることとしている。

（５）広域応援体制の強化

火災覚知から約１時間30分後、火元から数か所に飛び火したことから、地元消防本部だけでは消火困難と判断し、相互応援協定に基づき、近隣の上越地域消防事務組合消防本部（新潟県）及び新川地域消防組合消防本部（富山県）に応援要請を行い、12時55分に１隊が、13時10分に３隊が到着し、活動を開始した。

さらに、13時10分、飛び火からの火災が延焼拡大したことから、新潟県の代表消防本部（注３−３）である新潟市消防局に県内広域応援の要請を行い、県内応援隊も遂次到着し、活動を行った。

南風が次第にその強さを増すなか、規模が小さい消防本部にとって、消火活動に集中するなかで、応援要請に時間を要した。

そこで、大規模な火災につながる危険性が高い地域において火災が発生した場合には、速やかに都道府県または都道府県代表消防本部に連絡し、火災の状況を共有する体制の早期構築を要請したところである。つまり連絡を受けた都道府県や都道府県代表消防本部が、火災の状況を踏まえ応援部隊の派遣をプッシュ型で行う体制の構築を要請したのである。ただし、応援を行う隣接消防本部においては、火災が発生した消防本部と気象条件が類似している可能性もある。その場合応援が限定的にならざるを得ないといった課題や、管内に必要消防力を確保するため、予備車の活用や消防団の参集が必要となる場合もあることから、必要と思われる対策をあらかじめ定めておくよう要請したところである。

自らの管内だけでなく、近隣の消防本部の火災の状況を共有する方法として、例えば、埼玉県の埼玉西部消防局、入間東部地区消防組合消防本部等の埼玉県第2ブロックに属する7消防本部においては、常時互いの消防救急無線の通話内容を受信し、火災の発生状況等にかかる情報を共有している。地形上障害がない場合には、こうした取組も効果的である。後述する平成29年埼玉県三芳町倉庫火災においては、管轄の消防本部が火災を覚知した32分後に「地区代表消防本部」の先行調査隊が到着している。

（注3－3）代表消防本部：各都道府県において各消防本部を代表する本部として定められている消防本部。新潟県においては新潟市消防局

（6） 消防水利の確保

糸魚川大規模火災においては、約40，000㎡に及ぶ区域を、東西方向への延焼を阻止しながら、出火から約11時間後に鎮圧したが、海岸遠くまでテトラポッドで守られている近くの海岸からの取水は容易でなく、消火のための水の確保も重要な課題であった。

火災の延焼状況から消火のための水の不足が予測されたことから、生コン組合のコンクリートミキサー車や国土交通省の排水ポンプ車の協力を得て、道路上に仮設の水槽を数多く設置することなどにより、継続的

に消火活動を行う体制を整えることができた。また、富山県に接している糸魚川市からは離れているため到着には時間がかかったが、新潟市消防局の特殊装備隊の海水利用型消防水利システム車（スーパーポンパー）も威力を発揮した。火災が起きた現場から２㎞離れた漁港から取水し消火にあたった。消火に要した水量の約10％を生コン組合のコンクリートミキサー車が、５％をスーパーポンパーが担ったと推計される。

この糸魚川の火災においては、生コン組合に機敏に協力いただいたが、いざという時のための協力体制を日頃から作っておくことが重要である。この火災のように大量の水が必要な場合のみならず、水利の確保が難しい山林地域における火災や地震等で消火栓が使用できない場合における水の確保といった観点からも重要である。そこで、生コン組合と協定を結ぶなどの取組についても要請を行ったところであり、各地で協定が結ばれつつある。

（7）　小規模飲食店への消火器設置の義務化

ラーメン店の中華鍋をかけたコンロの消し忘れによる出火が、悪条件が重なることにより、この大規模市街地火災となった。まずは、火を出さない、そのことの徹底が必要であるが、こうした失火はなかなかなくならない。

飲食店の火災の約４割がコンロ火災によるものであり、そのコンロ火災の６割がコンロに火がついていることを忘れ、放置することを原因とするものである。ある意味で、今回の失火は典型例でもある。

このラーメン店には、消火器が設置されていたが、出火時には使われていなかった。仮に消火器を使っても火を消すことができたかは疑問であるが、油が染み込んでいる内壁が燃えている状況では、水道の蛇口についている短いホースを火に向けるより、消火器を使う方が効果的であったことは事実であるし、飲食店全体に火災予防について強い意識を持っていただく必要がある。

そこで、今回の事案を踏まえ政令の改正が行われたことにより、これまで消防法上は義務付けがなされていなかった（一部の地方公共団体においては、火災予防条例により義務付けられていた）延べ面積150㎡未満の飲食店についても、平成31年（2019年）10月から、消火器の設置が義務付けられることになった。

なお、設置が義務付けられた消火器については、定期的に点検し、消防署等に報告することが必要となる。各飲食店の事務軽減を図るため、この報告のための様式をスマートフォン等でダウンロードできるサービスも提供される。

今回の消火器設置義務付けを、一つの契機にして予防の強化を図っていただきたい。古くなった消火器があれば、地域における消火訓練に使ってほしい。

（8）連動型住宅用火災警報器

飲食店等で火災が起きれば、住宅用火災警報器が鳴動する。しかし、この音は飲食店の中では聞こえても、外まではなかなか聞こえない。今回の火災のように現場に人がいなくなってしまえば効果が薄い。

こうした場合には、建物の外や隣接した建物間で火災警報を伝える連動型の火災警報器の設置が有効である。特に火に脆弱な建物が密集しているような場所では、隣の火災は隣の問題では済まない。こうした地域について全国でモデル的に連動型の火災警報器の設置に取り組んでいただいている。地域全体で火災の早期覚知を図るための取組を進めてほしい。

図３－１　連動型住宅用火災警報器によるモデル事業

○　飲食店から出火した場合に地域ぐるみで早期に火災を覚知し迅速に初期消火を行うために、住宅用火災警報器を活用し、飲食店を含む隣接建物間で相互に火災警報を伝達する新たな方式の効果や課題について検証することが必要。

検証事業の概要

連動型住宅用火災警報器を複数建築物（小規模飲食店を含む）に設置し、設置時及び数ヶ月継続設置する期間を通じて、連動させる場合の効果及び課題等を検証した。（平成29年度　32消防本部36地区にて実施）

連動型住宅用火災警報器

火災を感知した警報器だけでなく、連動設定を行っているすべての警報器が無線信号を受けて警報を発する仕組みの住宅用火災警報器。通常の設置方式では、一住戸内で無線連動。

新たな方式

今回の検証においては、一住戸内で無線連動する製品である「連動型住宅用火災警報器」を応用し、隣接建物間等で信号をやりとりさせる。

飲食店等の防火安全対策検討（平成30年度事業）

屋内の住宅用火災警報器と連動して、飲食店等で発生した火災を早期に周辺に知らせる屋外警報装置等の検討を行っています。

この糸魚川の大規模火災から1年3か月後、現地に伺った。道路が広げられ、焼損した街の中心には、「賑わい創出広場」として空き地空間を設けて、その地下に大規模な防火水槽を設置する準備を始めていた。老舗の酒蔵「加賀の井酒造」も再建され、家々の建て直しも相当に進み、街全体に明るさが感じられた。この火災を機に街を離れた人もおられるが、災害に強い街として是非復活してほしい。

今回の火災の様子は全国の消防が見ており、自らの問題として捉えたはずである。残念ながら起きた大規模市街地火災ではあるが、これを教訓として、関係者の力を結集して地域の安全を図っていかなければならない。

2 平成29年埼玉県三芳町倉庫火災を振り返って

(1) 平成29年埼玉県三芳町倉庫火災の概要

平成29年(2017年)2月16日㈭、埼玉県三芳町の大規模倉庫から出火し、鎮圧までに6日間、鎮火までに12日を要する火災が発生した。

建物全体の長さ(南北方向)は約240m、幅(東西方向)は約109m、地上3階建て、延べ面積約72,000㎡の大規模倉庫の2階、3階部分はほぼ全焼した。

建物の形状は倉庫であるが、インターネット通販により、消費者に商品を届けるための商品の保管及び仕分け等を行うための施設である。商品を運ぶためのコンベアが縦横無尽に設置されており、商品の搬入・仕分け・発送等のため、火災発生当時も約４２０人の従業員が勤務していた。従業員の避難は適切に行われ、人的な被害は初期消火に当たった従業員二人の軽傷にとどまったが、なかなか火が消えない状況が報道され不安に思われた方も多かったと思う。消火に水を使うため、近隣の住家にもご迷惑がかかったと聞いている。

建物内部には、建築基準法に基づき、床面積1、５００㎡（1階のスプリンクラー設備設置区域については3、０００㎡）を下回る防火区画が、防火シャッターにより碁盤の目のように形成されていた。また、必要な消火設備も設置されていた。物品の搬入・搬出のためのトラックヤード以外は屋外への開口部が少ない構造となっていた。

写真３－３　倉庫火災の状況

２月16日12時頃　埼玉県防災航空隊撮影

２月16日14時頃　埼玉県防災航空隊撮影

(2)　初動対応の状況

多くの商品の仕分けを行うこうした倉庫では、大量の段ボールが廃棄されることになる。この段ボールがコンベアに運ばれて2階の開口部から1階の端材室に振り落とされる。出火したのはこの端材室においてである。

9時頃端材室で作業していた従業員が、炎が上がっているのを発見し消火器で消火を試みたが、消火できなかった。自動火災報知機が9時7分頃鳴動し、さらに、複数の従業員で消火器による消火を試みたが、火勢が強く消火に至らず、9時14分携帯電話で119番通報した。

その後、従業員が、この端材室から近いところに設置されていた屋外消火栓設備からホースを延長し、バルブを開放したが、ポンプ起動ボタンを押さなかったため、十分な水圧が得られず消火はできなかった。

消防隊が9時21分に到着し、消防活動を引き継いだ。この時点で端材室内は炎に包まれていたが、早期に鎮圧し1階のほかの部分には延焼しなかった。しかし、2階への延焼が進んでいた。

(3) 延焼の拡大と消防活動

火元の1階端材室から2階に回った火炎は、端材室上部の2階につながる開口部付近の可燃物を燃焼させ、2階水平方向へ延焼したものと考えられる。端材室上部の開口部の周囲には防火シャッターが設けられていたが、コンベアに接触して閉鎖障害を生じていた。2階、3階においては、同様の閉鎖障害やシャッターの不作動が多数起きており、このことが火の回りを早くし、延焼拡大につながったものと考えられる。

119番通報を受け、入間東部消防本部は、指揮隊1隊、消防隊5隊、救助隊1隊、救急隊1隊が出場、9時30分には、さらに消防隊2隊が出場した。また、相互応援協定に基づき埼玉西部消防局から指揮隊1隊、消防隊1、さらには埼玉県下の消防隊が応援するに至った。

9時29分、消防隊が、端材室に近い1階と2階を結ぶコンベア開口部から2階に進入したが、付近の火勢は最盛期となっており、火炎と熱気のために接近不能と判断した。

その後、建物の中からの消火活動は困難と判断し、火災発生の翌日以降、民間企業から大型重機を借り、

写真3―4　重機による外壁破壊作業の状況

外壁を破壊しつつ開口部を作る作業と放水活動を継続した。民間の重機を使ったこともあり、火から遠いところから開口部を開けていくなどの対応を取らざるを得ず、16日21時30分頃爆発音とともに3階スロープ接続部分が隆起し、20日12時45分頃スプレー缶の破裂と思われる破裂音があったことなどもあり、22日9時30分ようやく鎮圧されるに至った。

こうした大規模倉庫は全国に次々に建設されている。形状は倉庫であるが、商品仕分けのために421人もの従業員が勤務していたなかでの火災であった。同種の火災の発生を防止するとともに、仮に同種の火災が発生したとしても消火活動に長時間要することのないよう、消防庁と建築基準法を所管する国土交通省と共同で有識者による検討会を開催し、徹底した検証を行うとともに具体的な防止策を検討することとなった。

（4） 防火シャッターの不作動と閉鎖障害

防火シャッターが下まで降りれば、シャッターの向こう側が燃焼するには相当の時間を要するわけで、避難や消火のための時間的余裕も生まれる。検証の結果、火災で焼損した2階及び3階の防火シャッター133箇所のうち、作動しなかったのが61箇所、コンベアや物品等による閉鎖障害が23箇所、崩壊により不明なものが4箇所であった。

不作動の原因は、火災信号を送る電線が一部でショート（短絡）し、信号を防火シャッター用中継器等に伝送できなかったことと考えられた。これでは、防火シャッターとして機能しない。そこで、倉庫の床面積が50、000㎡以上の建築物について、平成30年3月、建築基準法にかかる国土交通省の告示が改正され、①電気配線が火災情報信号を発信する感知器に接続する部分を耐熱性材料で被覆する等の措置を講じること、②短絡が発生した場合であっても、その影響が床面積3、000㎡以内の区画された部分以外に及ばないよう断路器（アイソレーター）等を設置することが義務付けられることになった。

防火シャッターの設置は建築基準法により義務づけられている。建設時に確認がなされるが、適切に維持管理されるかも課題である。今回、コンベア等が邪魔になって閉鎖障害を起こしたシャッターもあったことから、建築基準法を改正して防火シャッター等の防火上の施設についても維持管理計画の策定が義務付けられることになった。そのために指針等が国土交通省から示されることになる。防火シャッターがあればいいのではなく、機能しなければ意味がない。しっかり維持管理いただくとともに、単に作動するか否かの確認のみならず、床まで下ろすことによる確認、訓練をお願いしたい。

（5）大規模倉庫における消防活動支援ガイドライン

今回の大規模倉庫火災においては、消防活動は困難を極めた。幸い従業員は皆避難していたが、こうした倉庫がさらに建設されることを考えると、万が一火災が広範囲に拡大した場合においても、できるだけ早期に消防隊による消防活動を終了できることが望ましい。

一方で、平成7年に、同じ埼玉県吉見町の無人大型ラック倉庫の火災で消防職員2名、協力者1名が死亡する事案も起きるなど、倉庫においては、高熱・濃煙・有毒ガス等にも留意が必要であり、消防隊が隊員の人命を第一に効率的に消防活動を行う環境を確保することも重要である。

そこで、消防庁と国土交通省が協議の上、今後建設される倉庫の床面積が５０，０００㎡以上の建築物については、ガイドラインが定められ、平成30年3月通知された。

この通知の内容の第一は、進入用の階段等を50ｍ間隔以内で設けるとともに、非常用進入口等を2階以上の階に設けること（注３－３）などによる消防隊の内部進入を支援するための措置である。今回の火災においては、２階部分にはこうしたものがないため、消火が困難だったが、進入口があれば、そこから進入あるいは放水が容易に実施できることになる。

通知の内容の第二は、建物の外周部に接していない防火区画がある場合、この部分にスプリンクラー設備を設けるか、消防隊の安全確保ができる拠点を中央部に作り、この拠点に連結送水管（図３－２）の放水口を設け迅速な消火活動を可能とすることなどである。

これらの措置により、消防隊員の安全確保を図りながら、早期に消火が可能となるはずである。

図3－2　ガイドラインのポイント

○ より早期に進入するための経路の例

消防隊が2階部分へより早期に進入するための経路として、例えば、次のいずれかの措置を講じる。

- 外周部から進入するための進入口を設けること
- 区画された付室を有する階段を設けること
- 区画された乗降ロビーを有する非常用エレベーターを設けること　等

○ 建物中央部に放水する手段の例

倉庫外周部と全く接していない防火区画が存する場合における建物中央部への放水手段として、例えば、次のいずれかの措置を講じる。

・階段の付室等に連結送水管の放水口（消防隊が消火用の水を取る口）を設けること
・建物中央部に車路がある場合は、当該部分を防煙性能があるシャッターで区画し、排煙機能をもたせ、放水口を設けること
・建物中央部にスプリンクラー設備を設置すること　等

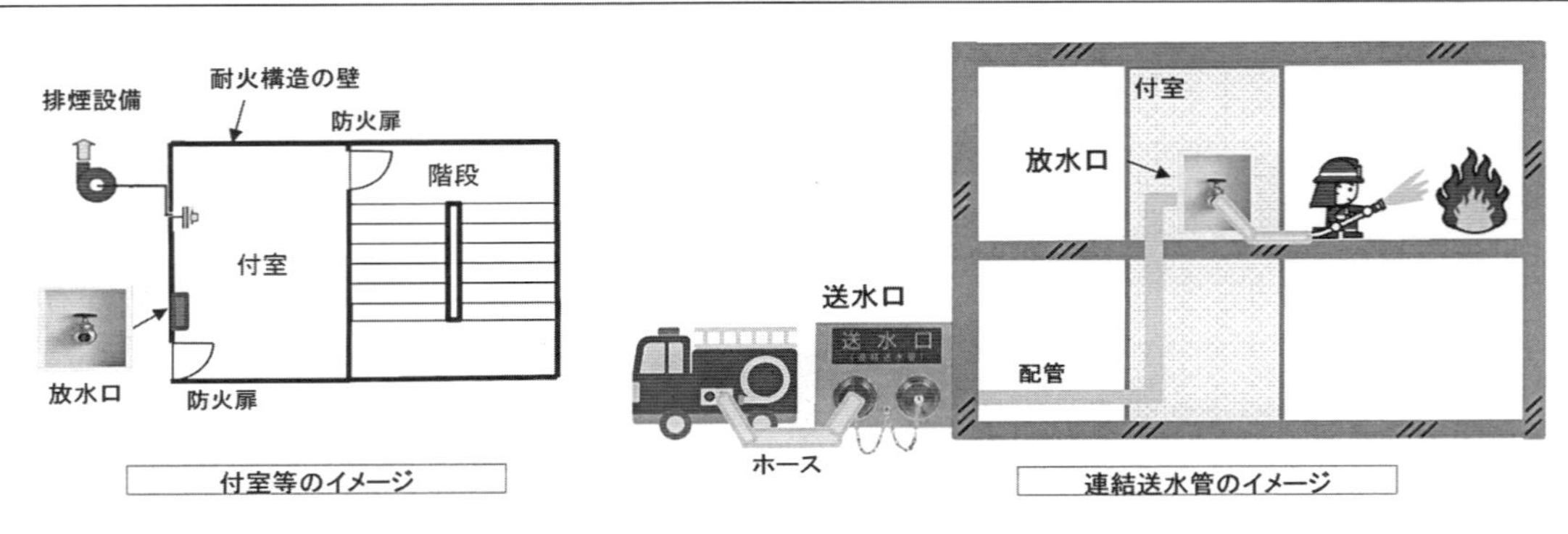

（注３－３：建築基準法上、31m以下の部分にある3階以上の階には非常用進入口を設けなければならないとされている。）

（6）事業者による初動対応

この火災を検証するにあたり、事業者からも相当丁寧にお話を伺うことになった。事業者としては、かなりしっかり防災対策に取り組んでいたという印象である。しかしながら、１１９番通報が自動火災報知機の鳴動から7分かかっていることもひとつの課題であるが、屋外消火栓設備を用いた初期消火の際、ポンプの起動ボタンが押されておらず、上部タンクから自重で降りてきた水による放水であったため必要な水圧、水量が得られなかったことは、ポンプを起動できれば消火にかなり効果があったと想定されるだけに残念であった。

なぜ、ポンプを起動するボタンを押せなかったか。それは屋外消火栓を使ってポンプを起動する訓練をしていないからである。訓練でしていないことを、いざという時にするのは難しい。高水圧の水を出すことによる周辺への影響を考え、そうした訓練を控えたのかもしれないが、訓練をするなら、しっかりやっていただきたい。地域の消防と協力して訓練をしていただいている事業所も多い。今回の火災をきっかけに各地で地域の消防と協力した訓練が行われることを期待したい。

火災が起きた倉庫では、３６５日24時間仕分け作業が続けられている。消費者のニーズに応えるため、同業他社と競争に勝つための努力なのだと思う。ただ、どこかで一度立ち止まって安全確認することも重要である。今回の火災は人的被害がほぼなかったという点でヒヤリハット事案なのかもしれない。このことを契機に各事業所での取組が進むことを期待したい。

3 消防防災ヘリの事故

平成29年（2017年）3月5日(日)、長野県の消防防災ヘリ「アルプス」が訓練中に鉢伏山付近（松本市と岡谷市の境界付近）に墜落し、操縦士1名、整備士1名、消防隊員7名が亡くなった。あってはならない事故であるが、将来ある若い隊員の命が奪われたことに、肉親を失ったような胸の痛みを覚えた。亡くなられた隊員には、私がよく知っている方の息子さんや、消防庁でともに仕事をした職員の親友もいた。残念でならない。5月30日松本で執り行われた合同追悼式に、高市早苗総務大臣の代理として参列させていただいたが、今もその胸の痛みは消えない。

消防防災ヘリに乗る隊員は、選りすぐられた高い能力を持つ隊員であり、救助を目指す消防士は、この航空隊の隊員を目指す者も多い。緊急消防援助隊においても救助活動の中核を担う。長野県では特に技術を要する山岳救助に活躍しており、1年間で60名もの方々を救助している。

3月5日は、長野県の山々ではまだ雪に覆われているが、ゴールデンウィークを控え次第に入山者が増えていく時期でもあり、4月に隊員の交替が予定されているなかでの訓練のための飛行であった。

事故原因については、国の運輸安全委員会が、平成30年（2018年）10月25日に公表した報告書によれば、「山地を飛行中、地上に接近しても回避操作が行われなかったため、樹木に衝突し墜落したものと推定

写真３－５　合同追悼式における献花

写真３－６　合同追悼式における追悼の辞

される。同機が地上に接近しても回避操作が行われなかったことについては、機長の覚醒水準が低下した状態となっていたことにより危険な状況を認識できなかったことによる可能性が考えられるが、実際にそのような状態に陥っていたかどうかは明らかにすることができなかった。」とされている。長野県の事故後も消防防災ヘリは日々飛行を続けており、その安全確保を図る観点から、平成29年8月、消防庁に「消防防災ヘリコプターの安全性向上・充実強化に関する検討会」が設置され、平成30年3月報告書が取りまとめられた。

安全性を向上させるための対策として、ヘリコプター動態管理システム（注3－4）の常時活用及び高度化、ヒヤリ・ハット事例の共有、クルー・リソース・マネジメントの導入（注3－5）、2人操縦体制の導入、フライトレコーダー・ボイスレコーダーの搭載、航空隊基地への運行責任者・運行管理要員の配置、ヘリの運航に関する規程等の整備と徹底、ヘリによる救助活動に関するマニュアル等の整備と徹底、操縦士の技能管理、飛行前のブリーフィングの実施、死角部分の見張り、シミュレーターの活用、計器飛行を提言している。

（注3－4）ヘリコプター動態管理システム：イリジウム衛生通信を利用して、機体に搭載した装置からヘリコプターの位置情報を送信することで、災害対策本部や航空隊基地においてリアルタイムに機体の動態を把握することができるシステム。全消防防災ヘリに搭載。

（注3－5）クルー・リソース・マネジメント：チームメンバーの力を結集して安全運航を達成するために、対人関係や協調性などを専門的技術として訓練で身につけさせ、チームの業務遂行能力を向上させること。

このように消防防災ヘリの安全確保を図ろうとするなかで、平成30年（2018年）8月10日㈮、「群馬県境稜線トレイル」の全線開通に伴う登山道等の地形習熟訓練として飛行していた群馬県消防防災ヘリ「はるな」が、群馬県吾妻郡中之条町の山中（横手山付近）に墜落し、操縦士1名、整備士1名、航空隊員2名、消防隊員5名が亡くなった。やるせない気持ちで一杯である。なかなか現実を受け入れられないご遺族、ご友人も多いかと思う。

墜落した機体は長野県で墜落した機体と同じベル412EP型であった。動態管理システムの記録によると、墜落する直前に急加速したようであるが、事故原因については、国の運輸安全委員会の調査を待つしかない。

それしても、こうした事故が続くことは誠に残念である。全国の航空隊あげて安全確保の徹底に取り組んでいただきたい。

平成21年、平成22年においても、消防防災ヘリの事故が続いた。平成21年（2009年）9月11日㈮、岐阜県消防防災ヘリ「若鮎Ⅱ」が、北穂高ジャンダルム付近通称ロバの耳の登山道付近において、救助のためホバリング中に高度が下がり後方に移動したため、メインローターが付近の岸壁に接触して墜落した。平成22年（2010年）7月25日㈰、埼玉県消防防災ヘリ「あらかわ1」は、秩父市滝川上流の沢において、救助隊員2名をホイストで降下させている最中に、フェネストロン（注3－6）が樹木と接触し方向保持不能となり、メインローターも樹木に接触して墜落した。埼玉県では、この事故をきっかけに、登山者が消防防災ヘリによる救助を受けた場合、手数料を支払うこととする条例が検討され、平成29年2月議会において可決成立した。6つの山の山頂付近等6区域に絞って運用されることとなり、平成30年1月から施行されている。

この二つの事故を踏まえ、相当に安全対策を講じてきたはずであるのに、救助活動中ではない事故が続けて起きた。しかるべき時期に運輸安全委員会の調査がまとまるはずである。その結果を踏まえ、取組の徹底を図っていかなければならない。亡くなられた隊員のためにも。

（注3－6）フェネストロン：ヘリコプターの回転翼の反動を打ち消すためのテールローターと同等の働きをするダグテッドファン

安全性を確保していくために避けられない課題が、操縦士の確保・養成である。消防防災ヘリの操縦には、高高度でのホバリングなど高い技術が求められる。この技量ある操縦士の確保は極めて重要な課題であり、操縦士の高齢化・転職により目の前の課題となっている団体もある。

「消防防災ヘリコプターの安全性向上・充実強化に関する検討会」は、2人操縦体制を提言しているが、消防防災ヘリを運航する団体の3割にとどまっている。2人操縦体制は、機長に不測の事態が発生した時への備えや、計器類の操作補助によって機長の負担を軽減できるのみならず、経験の浅い若手操縦士をベテランの操縦士と同乗させ経験を積ませることにより操縦士を養成していくうえでも意味がある。操縦士不足問題については、様々な知恵を出し、消防防災ヘリを運航する団体共通の問題として取り組んでいかなければならない。

第4章 いざという時に命を守るために

本書で紹介した事例は、自然災害、大規模な火災の一例に過ぎないが、大きな自然災害や火災が起きるたびに、その対応を徹底的に検証し、改善すべきことを洗い出し、対策を具体的にルール化・マニュアル化し、そして、対策がうまく機能するための仕組みづくりを進めてきた。それでも避難の遅れにより尊い命を失う事例が続いて起こる。

なによりも重要なことは、いざという時の対応について住民の方々によく理解いただくとともに、地域の力で住民を守る体制をいかに強化していくかである。

1 更なる消防力の強化と消防・警察・自衛隊の連携

(1) 緊急消防援助隊の強化

大災害への対応のなかで仕組みづくりが進められてきた代表例が、緊急消防援助隊である。平成7年1月の阪神・淡路大震災の際、全国から消防の応援部隊が阪神地域に駆けつけた。しかし、指揮統制や運用の面で混乱が生じたことから、効果的かつ迅速な活動が可能となるよう、平成7年6月に「緊急消防援助隊」として制度化され、平成15年には、消防組織法に明確に位置付けられた。

平成23年の東日本大震災の際には約3万人の隊員が出動している。16万人の消防職員のうちおよそ5人に1人が緊急消防援助隊として応援に駆けつけてくれたことになる。こうした経験もあり、緊急消防援助隊として登録されている隊は、常に災害があれば応援にいく可能性があるという気持ちでいる。平成28年8月の台風10号による災害の際には、秋田の隊にも準備の依頼はしながら災害規模を勘案し結局派遣要請はしなかったところ、後日派遣してほしかったと苦言をいただいたのは、なんともありがたいことであった。

緊急消防援助隊には、管轄区域において使用する頻度が小さい特殊な装備も備える必要があることから、平成17年から、国庫補助金や無償使用の制度により、その装備の充実を図ってきた。平成7年に1、267隊で発足した緊急消防援助隊は、平成30年4月には5、978隊が登録されるに至っている。

また、南海トラフ地震や首都直下地震の場合には、緊急消防援助隊は大規模な運用となることから、運用方針やアクションプランの策定を行うとともに、常に必要な見直しを行っている。

緊急援助隊は、毎年6ブロックに分け訓練を行うとともに、ほぼ毎年、出動しなければならない災害が複数回起きている。顔の見える関係が概ね出来上がりつつあるとともに、連携・協力体制の精度も上がっているが、さらなる強化を図っていくことになる。

(2) 消防の広域化

緊急消防援助隊は、災害が起きた場合において、現在の消防組織を前提として、広域に部隊の運用を図る仕組みであるが、財政的な制約もあるなかで、それぞれの消防組織自体を広域化していく取組も、消防力の強化を図る上で重要である。

人口が減少するなかで、広域化による小規模な消防本部の体制強化はこれまで以上に重要となる。広域化すれば、迅速な出動体制の確保、本部管理部門の効率化による現場体制の強化が図られることになる。

平成18年には、消防の広域化の理念、基本方針、推進計画等について消防組織法に盛り込まれた。平成19年には都道府県に広域化計画を定めていただき、広域化に取り組んできた。119番を受ける指令室だけでも広域化することにより、相当に効率が増す。例えば、東京消防庁では、管内を東西二つにわけ、二つの指令室で東京全体（離島等を除く）をカバーしている。千葉県でも、全市町村まではいかないが、千葉市消防局の指令室では県下各地の消防本部の制服を着た消防士が対応している。いくら消防相互の連携協力体制が密になったとしても、応援要請には若干の遠慮もある。広域化により、常に自らの組織において対処する方が迷いもないし、特別な技術や装備を要する災害にも対応しやすい。広域化に向けた取組はとりあえず一段落というのが現状ではあるが、広域化により本部人員の効率化を図り現場の消防力を強化していくための取組は、今後とも続けていかなければならない。

（3）　消防・警察・自衛隊の協力等

大きな災害を経験しながら、消防・警察・自衛隊の協力も密になってきた。政府の中枢の内閣官房の危機管理機能が強化され、大きな災害があれば、調整しながらそれぞれが応援部隊を派遣する。被災した現地では、災害対策本部や調整本部において、それぞれの部隊の役割を決め、活動を行う。技術を要する救助は消防が、多くの人を移送するのは自衛隊のヘリでなど、それぞれの持ち味を生かした救助を行う。図4－1にあるように、平成29年は山火事もかなり起きたが、釜石市の山火事においては、馬力のある自衛隊のヘリ

図４－１　釜石市の山火事への対応

１　出火場所
　岩手県釜石市大字平田第8地割内の山林

２　出火日時
　覚知　平成29年5月　8日（月）11時56分
　鎮圧　平成29年5月15日（月）13時00分
　鎮火　平成29年5月22日（月）15時00分

３　焼損面積　　413ヘクタール

４　5月9日（火）（活動規模最大日）の活動部隊の人数・機数

消防機関	・釜石大槌地区消防本部	37人（延べ277人）
	・釜石市消防団	191人（延べ776人）
	・消防防災ヘリ	3機（延べ8機）
		（※総散水量　約122t）
自衛隊	・自衛隊	253人（延べ1，263人）
	・自衛隊ヘリ	16機（延べ44機）
		（※総散水量　約4，203t）

５　具体的活動内容
　①太平洋側の山林の延焼を阻止するために、
　　消防防災ヘリにより、空中消火を実施
　②内陸側の山林に、延焼阻止線を設定するため、
　　自衛隊ヘリにより、空中消火を実施
　③尾崎白浜地区・佐須地区の集落を守るために、
　　消防隊、自衛隊により、消火活動を実施

参考　出火日の気象状況
強風、乾燥注意報発令　　天候　晴れ　実効湿度　60%
風向　西　陸上最大風速　14m　海上最大風速　15m

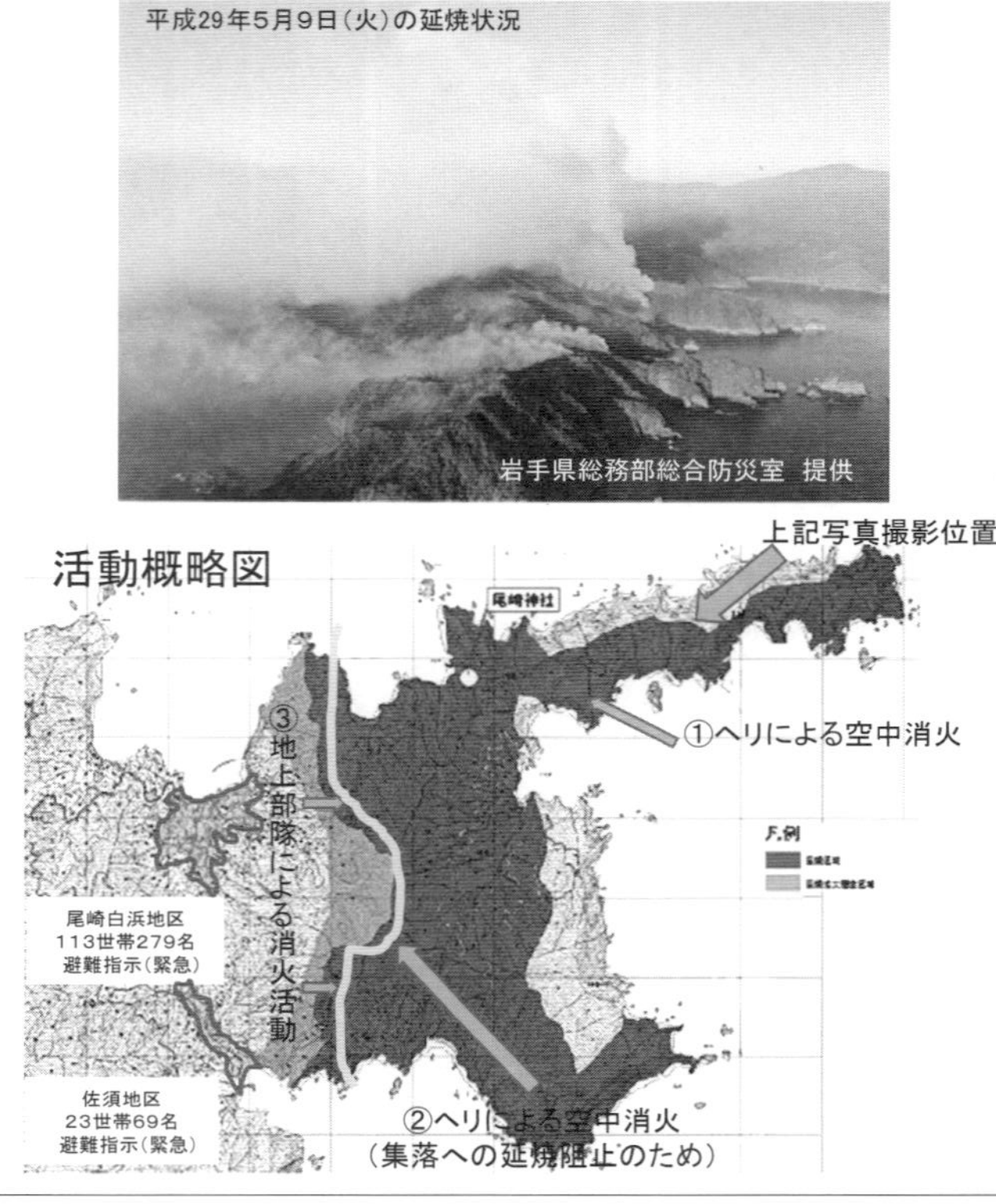

（チヌーク）による空からの放水活動、下からの消防の放水活動により、なんとか集落への延焼を食い止めることができた。

こうした現場の部隊と県・市町村の関係も重要である。自衛隊に派遣要請できるのは都道府県知事である。自衛隊の協力が必要か否かという判断を常にできる体制が必要である。最近は、都道府県の危機管理を担当する幹部に自衛隊ＯＢを登用する例も増えている。

市町村長は、住民の避難に関する災害対策基本法上の責任を負っている。このことはすでに述べたが、消防が広域化し、市町村消防が組合消防となるなかで、市町村が消防との距離を生まないことが重要である。いざという時の判断をするにあたり、消防関係者からの情報が必要となることも多く、常に消防署長と連携をとるなどの取組は今後とも重要である。

2　事前の決め事と訓練の重要性

（1）いざという時どうするかは平常時に決めておく

いざという時どうするかは、事前に決めていないと、対応するのは難しい。これは、行政にとっても、住民にとっても、事業者にとっても同じである。いざという時は混乱している状態である。自らも被災しているかもしれない。家族の安否もわからない状態かもしれない。いまだ災害が起きていない状態でも情報が錯綜しやすい。冷静でいることはなかなか難しいし、迷いも生じる。

したがって、重要なことは、事前にこうなったらどうするということを決めておくことである。どういう状況になったら職員を招集するか、災害対策本部を設置するか。迷ったら災害対策本部を設置すればいいが、避難勧告となると迷いも生じる。既に述べたが、河川の状況と気象情報がどういう状況になったら避難勧告・避難指示（緊急）を発令すると決めておけば、またそのことについて関係者間で共通認識をもっておけば、いざという時に判断の上行動に移しやすい。

災害が起きてほしいと思う人はいない。いやなことには遭遇したくない。災害が起きそうな状況でも、きっと大丈夫だと考えがちになる。そこに盲点もある。この状況では避難することになっているということが事前に決まっていれば、その決め事に従いやすい。

きっと大丈夫だと思考停止になることが最大の問題である。むしろさらに次のことを考えることが重要である。とりあえず避難するとして、自力では避難できない人は近隣にいないだろうか、自分がすべきことはほかに何があるかといったことを考えていただきたいのである。思考停止に陥らないためにも、地域の弱点といったことに日頃から目線を向けていただきたい。せめてハザードマップの内容は、地域の関係者皆で共有いただきたい。

大きな災害が起きれば、次から次にやらなければならないことが生じる。まずは救助、避難誘導、住民の安否確認、行方不明者の捜索、避難所の運営、避難している人への水・食料等の提供、避難している人の健康管理、避難所の衛生管理、避難所のプライバシー確保、罹災証明の交付、義援金の配分、仮設住宅の建設、仮設住宅入居の優先順位の決定などなど、である。

行政機能が十分でないなかで、こうしたことに次から次に対応していくことが求められる。そこで、災害が起きた場合に対応するための計画である「業務継続計画（ＢＣＰ）」を策定しておくことが必要なのである。もちろん計画通りには対応できない場合もあろうかと思うが、そこは応用問題である。まずは危機を想定して計画を作っておくことである。消防庁の調査によれば都道府県は平成28年４月までにすべて策定済だが、市町村は平成29年度までで２割の市町村は策定していない。是非とも策定を急いでほしい。

この災害が起きた際の「業務継続計画（ＢＣＰ）」の策定は、民間企業でもあたり前のこととなっている。内閣府の調査によると、平成29年度、大企業については策定済が64％、策定中が17％、中堅企業については、策定済が32％、策定中が15％となっている。

（２）訓練の重要性

訓練は重要である。訓練することとは、何かばかばかしいと思う人もいるかもしれない。わざわざ、業務を止めてまでやる価値があるのかと思う人がいるかもしれない。しかし、訓練していないことは、いざという時にはできないものである。

訓練してみてわかることも多い。消防庁においても、しょっちゅう図上訓練を行う。消防の現場ではないので実働訓練ではなく、部隊の派遣等にかかる対応が適切にできるかを図上で訓練するのである。やってみると、課題も見つかる。そもそも訓練を企画するだけで課題に気づくこともある。消防庁では４月１日にかなり多くの職員が入れ替わることもあり、４月の上旬には必ず図上訓練を行い、それぞれの職員の役割を確認する。

行政においては、行政のトップが参加して、展示型の訓練ではなく、シナリオ非提示型訓練（ブラインド形式の訓練）を行っていただきたい。トップが参加することにより、各段に訓練の真剣度が上がる。実際にシナリオ非提示型訓練（ブラインド型式の訓練）をしていざという時に役立ったという市町村長さんの声も多い。

災害時の対応が難しいのは、滅多に経験しないからである。したがって、訓練という形で一応の経験をしておくことが重要な意味を持つ。

平成28年台風10号災害の際福祉施設における被災があったことから、福祉関係者の方々も訓練を真剣に考えている。まずはやってみることが重要であるが、常備消防や消防団と協力して実施することである。いざというときに協力が必要な場合も多いし、他者がいることで気づくこともある。

3　地域の防災力の重要性

大地震が起きれば、同時多発的に火災が起き、多くの建物が倒壊し人が閉じ込められるといった事態となる。地域の消防力だけでは厳しく、そこで応援部隊が派遣されるが、迅速な派遣を心がけても一定の時間はかかる。地域の力が頼りである。風水害の際の事前の避難、要援護者の方々にいかに避難いただくか、消防団だけでは難しい。地域の連帯が強い地域では自治会等の自主防災組織を中心に対応できるところもあるかと思うが、地域の人間関係が希薄な大都市部ではどうか。一歩ずつでも体制の強化を図っていく必要がある。

（1）消防団の強化

大きな災害が起きれば、いくらでも人手がいる。地震が起きれば、地域ごとに助け合っての救助が必要となる。事態を把握するための情報収集、避難しなければならないときの避難誘導のためにも人手がいる。高齢化が進む中で、円滑な避難を実現していくことは簡単ではない。さらに安否確認や避難所の運営といった課題も生じる。

これまで述べてきたように、災害が起きた際には、消防団に相当に活躍いただいた。この頼りになる消防団をさらに強化していくことを目的として、平成25年12月には、「消防団を中核とした地域防災力の充実強化に関する法律」が公布・施行された。こうした背景もあり、消防団の確保については、国・地方をあげて相当の取組をしてきたが、平成25年と平成29年を比べると、総団員数は18、500人の減となり平成29年には約85万人となっている。ただし、特定の活動に参加する機能別団員（注4－1）については、この仕組みを導入している市町村が397団体に限られているなかで、5年間で7、800人増加している。また、女性団員が5年間で4、800人、学生団員が1、500人増えていることは頼もしい限りである。機能別団員制度を導入している市町村においては、女性団員や学生団員が機能別団員になっている割合も多いと推定される。

（注4－1）機能別団員：消防団の活動のうち、例えば予防や広報活動等の特定の活動に参加する団員。特定の活動をする分団として構成される場合もある。

こうした状況を踏まえ、平成30年1月消防庁に設置された検討会が、大規模災害時のみ出動する消防団員「大規模災害団員」の提言を行った。提言を行うにあたり詳細なアンケートを行っているが、消防団員数の不足が通常の活動に支障を生じている市町村は17％であるのに対し、大規模災害時に支障を生じると答えた市町村が71％に達しているとしている。基本団員の確保は引き続き重要であるが、特に都市部においては、通常の活動に係る負担を軽減して、大規模災害時のみ出動する消防団員の確保に重点をおいてはどうかと考えている。

そもそも都市部と町村部では、同じ消防団員でも、その実際の役割はかなり異なる。町村部で火災が起きれば、地域によっては常備消防の到着を待っていては手遅れになる場合も多く、消防団が常備消防に代わって必要な役割を果たさなければならない。都市部で火災が起きた場合には、消防団に出動命令がかかることもあるが、まずは常備消防の仕事になることが多い。

一方で、人口の多い都市部で大きな災害が起きた場合には、人口に比して消防団員の数も少なく、地域の連帯も弱いなかで、災害対応に協力してくれる多くの人材が必要となる。単なるボランティアではなく、行政や消防等と連携をとれる人材がどれほど確保できるかが鍵となる。

図4－2のとおり、消防団員総数の減少幅は、規模が小さい市町村の方が大きいが、人口減少に比べれば減少率が低い。もともと人口に比して消防団員数の割合が小さい都市部において大規模災害団員の仕組みを導入し、消防団の裾野を広くする取組が、当面最も重要と思われる。

大規模災害時には自分も活動したいという思いを持っている方も多いのではないかと思う。であればこそ、女性団員も学生団員も増加したと考えられる。消防職員ＯＢや消防団員ＯＢも、それなら団員になるという

図4－2　人口規模別消防団員の増減の傾向

団員の増減の傾向（団体規模別）

○ 人口千人あたりの団員数の増減率については、大規模団体ほど減少率が大きい。

○ 今後の消防団員確保に係る課題として想定されるもの（都市部と地方部）

・ 都市部：通常の火災対応は常備消防中心と考えられるが、人口あたりの団員数が少なく、大規模災害時の人員確保に懸念

・ 地方部：現在、人口当たりの団員数は比較的高いが、人口減少・高齢化が進む中で、一定の団員数を確保することに懸念

⇒ 都市部と地方部それぞれ、消防団に求められる役割が異なり、それに応じた消防団のあり方を検討する必要があるのではないか。

カテゴリー		団体数	機能別導入団体	消防団員総数の増減（H28→29）※	前年度比	人口千人あたり団員数（H29）※	前年度比
特別区・政令市		21	7	▲174	▲0.24%	2.019	▲0.50%
人口	30万人以上	51	19	▲79	▲0.12%	3.137	▲0.03%
	10～30万人	187	53	▲880	▲0.58%	5.014	▲0.32%
	5～10万人	264	76	▲1,468	▲0.84%	9.360	▲0.39%
	1～5万人	696	156	▲2,800	▲0.91%	17.267	+0.09%
	～1万人	500	86	▲459	▲0.56%	33.229	+1.12%
全国計		1,719	397	▲5,860	▲0.68%	6.772	▲0.44%

減少率：大 ↕ 小

※「消防団の組織概要等に関する調査」より作成

人もいるだろう。大規模災害時のみ出動するといっても、基本団員と連携をとらなければならず、年に何度かは大規模災害を想定した訓練に参加してもらうことが必要となる。この訓練のやり方次第では、大規模災害の時の対応について、かなり広く住民の方に理解いただくチャンスにもなると思われる。

自治会等の自主防災組織の中心的な役割を果たしている人がこの大規模災害団員になれば、自主防災組織との連携も進みやすくなるのではないかと思う。各地域における取組を期待したい。

(2) 個々の防災意識

こうした地域における防災力強化の取組は、今後ますます重要となるが、最後は、住民一人一人、各事業者の意識や判断の問題である。避難勧告等の行政が提供する情報をどう判断するか、指定緊急避難場所に避難するか、近隣の堅ろうな建物や自宅の2階に避難するかは、最終的には個々人が判断することになる。大災害のときには、それぞれに対処いただかなければならない場面も多い。

平成30年は、戦後の消防制度が確立してから70年。日本消防協会においても、この70周年を記念し、平成30年3月「日本消防会議」なるシンポジウムが開催された。このシンポジウムにおいて兵庫県立大学大学院の室﨑先生が話されたことが忘れられない。

「災害リスクが変化している。第一に、自然が凶暴化している。第二に、少子高齢化が進みコミュニティが弱くなり社会が脆弱化しつつある。この二点は誰もが指摘する災害対策上の重要な課題である。もう一つ重要な点は、人間の災害に向き合うスピリットが非常に弱くなっていることである。」と指摘されたのである。

自然は凶暴化し、災害は大規模化している。平成30年7月豪雨にそのことが端的に表れている。弱くなっているコミュニティー、このことは防災に限らず、様々な地域課題に影を落とす。むしろ、防災の点から新たにコミュニティーを作っていくことが求められているのかもしれない。

3点目については、「人間が「依存化」している。行政にも依存しており、危険を察知する力が失われていっている。」と述べられた。確かにそうかもしれない。自然と向き合う時間は次第に減ってきている。空を見上げる時間が減りスマホに向かう時間が増えた。クリック一つでほしい物が家に届く時代となった。こうした傾向はさらに進むわけであるから、次第に、地球の営みへの関心が薄れ、事が起きても誰かが手助けしてくれると思い、自らがやるべきことに率先して取り組むという姿勢が少しずつ薄れてくる危険があると思わなければならないのかもしれない

それだけに、個々人が立ち止まっていざという時のことを考える機会をつくることが重要だと思う。そのための場づくりをどう進めるか、地域で知恵を出してほしい。

戦後の混乱している時期にカスリーン台風による利根川決壊、福井地震など様々な災害があり、その後伊勢湾台風の来襲等があったわけであるが、この自然災害の厳しさを国民に思い出させたのは、平成7年の阪神・淡路大震災だと思う。この大震災をきっかけに、緊急消防援助隊が生まれたことはすでに述べたが、民間ベースで、防災に取り組む基盤を作ろうという動きも始まった。その一つの重要な取組が「防災士」である。

現在では、認定特定非営利活動法人となった「日本防災士機構」が中心となって進めてきた資格付与のための仕組みである。①まず講座を受講し履修証明を取得し、②防災士資格取得試験に合格し、③自治体等が主催する「救急救命講習」を受けることで防災士の資格を取ることができる。資格の付与は平成15年から始

図４－３　都道府県別防災士認証者数

2019年1月末現在

都道府県	防災士数	都道府県	防災士数	都道府県	防災士数	都道府県	防災士数	都道府県	防災士数
北海道	3,348	埼玉県	5,678	岐阜県	5,694	鳥取県	730	佐賀県	1,256
青森県	2,014	千葉県	5,152	静岡県	3,869	島根県	857	長崎県	1,551
岩手県	2,110	東京都	13,956	愛知県	5,809	岡山県	2,418	熊本県	2,153
宮城県	4,661	神奈川県	5,414	三重県	2,092	広島県	3,369	大分県	10,174
秋田県	1,118	山梨県	1,159	滋賀県	1,987	山口県	2,029	宮崎県	4,245
山形県	1,468	長野県	2,154	京都府	1,143	徳島県	2,994	鹿児島県	1,259
福島県	2,365	新潟県	4,074	大阪府	5,556	香川県	2,250	沖縄県	591
茨城県	3,768	富山県	1,285	兵庫県	5,087	愛媛県	12,415	外国	3
栃木県	2,906	石川県	5,718	奈良県	2,836	高知県	3,602		
群馬県	1,528	福井県	2,945	和歌山県	2,106	福岡県	4,459	合計	165,355

まったが、今や16万人の方がこの資格を取っている。消防団、女性（婦人）防火クラブ、自主防災組織など様々な立場で活動されている方のなかで防災士の資格を取った方が増えている。今では年に2万人近い方に新たに資格をとっていただいているわけであり、防災への意識が高い方が増えていることは誠にありがたい。こうした方々には、是非地域における防災リーダーになっていただきたい。

ただ地域差も大きい。防災士資格者を都道府県別でみると一番多いのが東京都で約１４、０００人、二番目が愛媛県で約１２、４００人、三番目が大分県で約１０、２００人である。しかし、人口比でみれば東京都は、愛媛、大分両県の１／９である。南海トラフ地震を警戒しなければならない両県での意識が高いものと推定される。

この防災士の地域別の資格者の状況も、わが国の防災対策のひとつの課題を示していると思う。大都市部ほどコミュニティーの力は弱く、室﨑先生のいわれる「人間の依存化」が進んでいる。しかし、大都市部こそ、いざ災害が起きたなら、自ら対処する力が求められる。いかに大都市部の防災意識の引上げを図っていくかが最も重要な課題のひとつである。

（3）地域の防災力

①なぜ地域における取組が重要か

平成30年7月豪雨で被災した広島県、岡山県、愛媛県においてNHKが行った被災地アンケートでは、「消防や警察、近所の人や親族の呼びかけ」をきっかけにして避難した人が31・8％（防災無線7・4％、テレビ・ラジオ4・5％）となっており、直接的な避難の呼びかけが避難行動を促すために効果的であることがわかる。この直接的な避難の呼びかけは、そう広範囲には行えない。やはり自治会単位の取組が重要である。

また地域ごとに災害に対する脆弱性が異なり、避難の必要度、あるべき避難の方法等が異なることも念頭におかなければならない。大雨の際、土砂災害警戒区域の中に住んでいる人には、早め早めの避難が求められる。その外に住んでいる人とは状況が異なる。浸水想定区域に住んでいる人も早めの避難が必要であるが、ハザードマップ上どの程度浸水する可能性があるかも、避難に関する重要な判断要素である。浸水想定区域内においてもマンションに住んでいる人は、浸水が想定されないマンションの共用部分への避難や自宅待機といった対応もありうる。それぞれの地域において、起きうる災害の態様に合わせていかに対応するか、地域ごとの検討が欠かせない。

さらに、一人では避難が困難な方への手助けも必要となるが、そうした方がどこに住んでいるかも自治会単位なら把握しやすいし、一定の協力体制も組みやすい。

また、地震が起き、火災が発生した場合には、自宅の火災でなくても近隣で協力して対応しなければならない。火を消さない限り被害が拡大するからである。119番通報するとともに、まずは近隣に住む方々が協力して、消火器を持ち寄って、あるいは地域にある消火栓を活用して初期消火に当たっていただく必要がある。

図1－7の阪神・淡路大震災の際の救助の状況を振り返っていただくと、いかに共助が重要かがわかる。生き埋めや閉じ込められた方々のうち、救助隊に救助されたのは1・7%に過ぎない。家族や友人・隣人に救助された方々は実に6割にのぼる。「第1章2熊本地震を振り返って」で述べたように、西原村大切畑地区では、消防団員及び地域の人により、生き埋めになった9人が救助された。

大きな災害があった場合、消防は限られた人員で最善を尽くす。応援部隊である緊急消防援助隊の派遣が早くなったとはいえ、一定の時間はかかる。そもそも災害当初からすべての被害事案に対応することはできない。家の倒壊した現場で救助するにも、一件ずつ対応していかなければならない。大きな災害時こそ共助が重要となるのである。

大きな災害でなくても、地震で停電した場合など、地域における協力が必要となる場合も多い。マンションでは、停電すれば、エレベーターが止まるだけでなく、水も出ず、トイレも使用できない状況となりうる。高層階に住んでいるお年寄りなどに支援をしなければならない事態も想定される。こうしたことに対応していくためにも、地域の取組の力が試されることになる。

②地域における取組を広げていくためには

地域における防災活動の中で重要な役割を果たしているのが自主防災組織である。この自主防災組織のほ

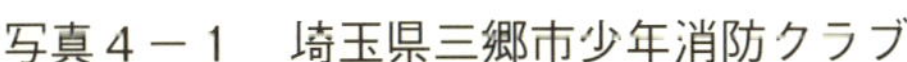
写真４－１　埼玉県三郷市少年消防クラブ

か、女性（婦人）防火クラブや少年消防クラブ（写真４－１参考）も地域の防災力向上のために重要な役割を果たしている。

平成29年（２０１８年）４月１日現在で、全国１、７４１市町村のうち１、６７９市町村で、16万４、１９５の自主防災組織が設立されている。自主防災組織の94％は自治会単位であり、多くの場合は自治会が防災の役割も担い、自主防災組織になっているというのがほぼ現状と思われる。毎年少しずつ増えており、全世帯に占める自主防災組織が活動範囲としている区域内の世帯数の割合（カバー率）は82・７％であり、このカバー率も毎年少しずつ上昇し、10年間で10ポイント増加した。防災への意識の高まりや、各地域の取組があればこそ増加しているわけであるが、自治会そのものに課題が生じてきていることには留意が必要である。自治会に加入しない世帯の増加、加入率の減少である。このことに多くの市町村が悩んでいる。

自治会加入率の全国の実態については、十分なデータがない。そこで、自治会等が法人格を取得するために、平成20年４月から平成25年４月までに認可を受けた認可地縁団体（注４－２）の加入率を見ると、図４－４のとおりである。認可地縁団体ではない任意団体である自治会や、この期間以外に認可された地縁団体を含むデータではないが、地方においては加入率が高いが、東京都における加入率はかなり低いことがわかる。

図４－４　認可地縁団体（自治会等）の加入率

都道府県名	認可地縁団体数（団体）	加入率別の割合（%）			
		0~50%	50~70%	70~90%	90%以上
山形県	152	0.7	7.2	15.8	76.3
埼玉県	148	3.4	31.8	25.0	39.9
東京都	142	19.7	54.2	17.6	8.5
岐阜県	222	0.5	12.2	44.6	42.8
島根県	161	0.0	5.6	15.5	78.9
全国計	8,461	2.9	13.9	27.5	55.7

※総務省「地縁による団体の認可事務の状況等に関する調査結果」（平成26.　3）認可地縁団体は平成20.　4～平成25.　4に認可されたものが対象。

（注４－２）認可地縁団体：地方自治法に基づき、市町村長が認可した自治会等の地縁団体。法律上の権利義務の主体となり、法人格を有し、土地、集会施設等の不動産を団体名義で登記できる。また、団体の活動に資する財産を団体名義で所有、借用できる。

また、「東京の自治のあり方研究会（座長：辻琢也一橋大学副学長）」の最終報告書においては、数値が確認できた東京都内の33市区町村の自治会加入率の平均値についてデータをまとめており、平成15年には61％であったのが、平成25年には54％にまで低下したとされている。

自治会の加入率は特に大都市部で低く、年々低下してきている。自主防災組織のカバー率は上がっている一方で、カバーしている地域のなかが、都市部を中心に次第にスポンジ化してきていると想定される。

自治会の加入率が下がるには理由がある。様々なサービスが拡充され、地域の付き合いが十分でなくても困ることは少なくなった。人の価値観も多様化し、自分の時間・自分の考え方を重視する方向に向かうなかで、あえて加入しなくてもと判断する人が増えた。特に人の移動が激しい都市部ではそうした傾向になろうかと思う。

ただ、こうした実態があるから、都市部の住民が地域に無関心になっていると考えるのは早計であろう。災害が起きれば実に多くの方がボランティアとして協力してくれる、防災士の数も年々増えている、子供の貧困が話題になればあちこちに子ども食堂ができる。それなりに地域のことを考えようとしているが、既存の枠組みにあまりとらわれたくないという思いの人が増えているからなのではないか。消防団員数も少しずつ減少しているのもそうした背景が大きいと思う。

したがって、都市部においては、必ずしもこれまでの枠組みにとらわれず、地域の防災活動に主体的に少しでも多くの住民が参加してもらえるような取組が重要になってこようかと思う。普段は地域の活動にあまり参加しなくても、いざという時には、地域の力が頼りになり、それぞれが必要な役割を果たすことが求められることは多くの人が理解しているはずである。ただ、いざというときに対応するためには、日頃からやっておかなければならないことがある。そのことに、どうやって参加いただくか、先ずは防災に強い関心がある方だけでも参加してもらえるようなアプローチもあっていいのかもしれない。

新しくできたマンションの方々が自治会に加入せず残念である、あるいは、新しいマンションに引っ越してきたが自治会がなく不安である、という話はよく聞く。しかし、都市部のマンションでも、分譲型のマンションであれば管理組合があり、入居者同士一定の相談事をする場があるし、賃貸型のマンションであれば貸主がリーダーシップをとって一定の対応をしていくことは可能なはずである。

平成15年に入居が始まった309戸1、000人の分譲型のマンションで、実践的な自主防災の取組をしているのが、内閣府の地区防災計画モデル地区にも選定された横須賀市のソフィアステイシアの自主防災会である。

自治会と管理組合の合同組織として設立された自主防災会においては、埋め立て地であるため地震による揺れが大きく、三浦半島断層群を震源とする直下型地震が発生した場合には震度7の揺れに見舞われる可能性があり、津波による浸水も予想されるなかで、防災資機材の備蓄、居住者台帳による災害時要支援者の把握、具体的な災害の連鎖をイメージした毎年災害想定を変えての実践的な防災訓練に取り組んでいる。免震構造のマンションであることから、震度7の地震でも耐えられることを前提に、このマンションが「地域の防災インフラ」であるとして自律的な取組を進めている。そのことが、マンションの不動産価値にもプラスの影響を与えている。こうした先進的な取組が各地域に広がってほしい。

学校における対応も、地域における取組を広げる鍵になると思う。子供は国の宝、地域の宝、子供自身のためにも、子供の頃から地域の災害リスクを知ることには大きな意味がある。東日本大震災の際、海に近い釜石市の釜石東中学校と鵜住居小学校の生徒が地震発生と同時に全員が迅速に避難し津波から逃れることができたのは、「津波てんでんこ」を標語に積み重ねられた防災教育があればこそであった。子供に話せば親にも自然に伝わる効果もある。

また、学校は、災害時の避難所になることも多い。いざとなれば避難にくるかもしれない場所において擬似災害時体験をすることには意味がある。こうした場所に日頃から段ボールベッドやテント、非常時の飲食料を備蓄し、訓練の際に使ってみる、消費することもあっていいのではないかと思う。こうした点で、埼玉県幸手市の吉田小学校が10年前から行っている「防災サバイバルキャンプ」は面白い取組である。毎年テーマを変えているようであるが、ＰＴＡや地域住民の方の協力も得ながら、一泊二日のキャンプにおいて、炊き出し訓練、ＡＥＤ訓練、土嚢積み訓練、ボート避難訓練、仮設風呂訓練など実践的でかつ楽しみながら取り組めるものとなっている。楽しみながらやれることがこうした取組を継続的に行っていく上でのポイントかもしれない。

③一人では避難が難しい要支援者対策

災害時には一人では避難が難しい要支援者の対策が鍵となる。第２章で述べたとおり、平成28年（２０１６年）８月の台風10号災害を踏まえて水防法・土砂災害防止法が改正され、浸水想定区域や土砂災害警戒区域内の福祉施設、学校、医療機関には、避難確保計画の作成と避難訓練の実施が義務付けられた。しかしながら、そうした地域には、在宅の要支援者も住んでいる。地域のケアマネージャーの目からみれば、災害時には、入所したＡさんのことだけでなく、入所待ちのＢさんのことも気になるはずである。平成30年（２０１８年）７月豪雨においても、こうした課題がクローズアップされたところである。

平成25年（２０１３年）の災害対策基本法の改正により、市町村には避難行動要支援者名簿の作成が義務付けられ、避難行動要支援者本人からの同意を得て、平常時から自主防災組織等の避難支援等関係者に情報提供できることが定められた。

平成30年（２０１８年）６月１日現在で、全域が避難指示の対象となっていた２市町村を除く１、７３９市町村のうち97％にあたる１、６８７市町村が避難行動要支援者名簿を作成している。その76％にあたる１、

281市町村で自主防災組織に名簿情報が提供されている。

自主防災組織がこの情報を活用するにあたっては、当然ながら情報漏洩防止に努めなければならないが、なによりも重要なことは、この情報をいざという時の避難支援に生かすことである。そのためには、それぞれの要支援者を支援するための計画が必要となる。

第2章で福岡県東峰村の例を挙げたが、要支援者ごとに複数のサポート役の連絡先を定める計画を策定しており、避難訓練には村民の半数以上が参加していた。こうした取組が被害を最小限にとどめたと思われる。また、横須賀市のソフィアステイシアの自主防災会では、一人の要支援者に対し3世帯をサポート役に定めている。3世帯定めていれば、誰かは家にいて対応可能であろうという考え方である。

このソフィアステイシアの自主防災会では、安否確認、避難支援、避難所における適切な対応を実現するため、生年月日、性別、血液型、自力避難に支障のある事項（寝たきり、車椅子使用、杖使用など）、常用薬、禁忌薬、かかりつけ医療機関、診療科目・担当医、帰宅困難者に該当するか否か、昼間の居所、緊急連絡先などセンシティヴな情報も記入した居住者台帳を整備している。いざという時に即応できるようにするためである。こうした取組があればこそ熱中症で動けなくなった高齢者を救護することができたとのことである。またこの台帳には、支援してもらいたいことのみならず、自分が役立つ情報についても記入することとされている。「災害が起きた時に、台帳を届けておくことで自主防災会に助けてもらえる確率が高まる、命より大事な個人情報はない」と住民を説得し、全世帯の96％が名簿を届けているとのことである。ここまで一気に進めることは難しい場面もあるかもしれないが、防災を担う消防、消防団、自主防災組織と地域福祉を担う地域包括ケアセンターやケアマネージャーが連携し、要支援者の避難支援のための対策の検討を進めてほしい。

④土砂災害警戒区域、浸水想定区域、津波災害警戒区域

　土砂災害警戒区域は、土砂災害防止法に基づき、都道府県が基礎調査を行った上で、土砂災害のおそれがある区域として指定する。この区域のなかで、建築物に損壊が生じ住民等の生命又は身体に著しい危害が生じる恐れがある区域は、一定の開発行為が許可制になるなどの規制を受ける土砂災害特別警戒区域として指定する。

　浸水想定区域は、河川管理者である国及び都道府県が、洪水予報河川及び水位周知河川に指定した河川について、想定しうる最大規模の降雨により河川が氾濫した場合に浸水が想定される区域を洪水浸水想定区域として指定し、指定した区域及び想定される水深、浸水継続時間を洪水浸水想定区域図として公表する。河川の洪水防御計画に関する計画の基本となる降雨により氾濫した場合に浸水が想定される区域及び浸水した場合に想定される水深についても公表する。

　津波災害警戒区域は、都道府県が行う基礎調査を踏まえ、津波があった場合の浸水の区域と水深（津波浸水想定）を設定・公表し、この想定を踏まえあらかじめ関係市町村の意見を聴取の上、津波が発生した場合に警戒避難体制を特に整備すべき区域と基準水位を設定・公表するものである。この区域のなかで一定の開発行為、建築等を制限すべき区域を津波災害特別警戒区域として指定・公表する。津波災害警戒区域については、指定が進んでいない地域もあるが、津波浸水想定はされており、一定の情報を得ることはできる。

　これらの区域においては、大雨が降れば、土砂災害が起きやすい、洪水が起きやすい、特に公表された水

深が深いところでは危険性が高い、津波を伴う地震が起きれば、津波被害が起きる可能性が高い地域である。第2章で述べたとおり、平成30年（２０１８年）7月豪雨においても、これらの区域における被害が大きかった。

　これらの区域に実に多くの方々が居住している。河川の横の道路沿いに住宅が連なる、海が近い便利な平地に住宅街があるというのは、全国どこにでも見られる風景である。首都圏でも多くの人が洪水浸水想定区域に居住している。危険性が明らかになっている地域であるのに、いざという時のために対策を講じていないとすれば、なんのために危険性を公表しているのかということになりかねない。いざというときに、どのタイミングで、どこに避難するか。要支援者は誰がサポートするか。安否確認はどうするか。事前に段取りを決めていないといざというときに実行しにくい。各市町村は、まずそのことが実現できるよう、こうした地域の自主防災組織等に積極的に働きかけを行うべきである。

第5章 まず何をすべきか

ここまで、最近の災害事例を振り返りながら、災害が起きた際の課題を整理し、その対策についての基本的な考え方について述べてきた。行政側が更なる取組を進めていくことを前提としても、個々の住民の方々や各家庭での取組や、地域での取組が必要となる。その点について最後に述べたい。

1 住民の方々や各家庭に期待される取組

住民の方々や各家庭においてまず取り組んでいただきたいことは、次の４つのステップであり、市町村から配付されている防災のパンフレット等にもわかりやすく書かれている。是非、改めてそうした冊子や市町村のホームページを見ていただければと思う。

ステップ１－１：災害が起きることを前提に考える。
ステップ１－２：住んでいる地域（働いている地域）の弱点を知る。
ステップ１－３：いざという時のための身の回りの備えをする。
ステップ１－４：消防団員になる、防災リーダーを目指す。

ステップ1―1：災害が起きることを前提に考える。

災害時のことなど考えたくない、いやなことは考えたくないという人も、是非住んでいる地域にどんな災害の危険があるか、頭に浮かべていただきたい。防災の講演に伺うと、よく「自分はそこそこの年まで生きた。家もそれなりの強度があるし、逃げないつもりだ。」という人がいる。そういう方には是非頭を切り替えていただいて、住んでいる地域でどんな災害が起きる可能性があるか考えていただきたい。災害の種類によっては避難が必要な場合もあるかもしれない。あるいは自分は大丈夫でも支援が必要な人が近くにいるかもしれない。「いやなことを想定するのはいやだ」から脱却し、「いやなことだから一通り考えてみよう」というマインドセットをお願いしたい。

また、ひたすら災害におびえることも適切でない。まずは起きる可能性がある災害を想定してやらなければならないことを一通り考えてみることで、むしろ不安が解消されると思う。

災害を想定してみる際には、少し悲観的に、大きめの災害を想定してみることである。災害が起きた後の被災した方々のコメントに、「こんなことは起きないと思っていた、想定外であった、過信していた」という言葉が多い。想像力を働かせ、悲観的な想定、大きな災害が起きることを想定することで、想定外を減らすことができる。本書においてこれまで言及したような災害の想定をしてみていただきたい。

ステップ1―2：住んでいる地域（働いている地域）の弱点を知る。

ステップ1―1を越えてみると、自分が住んでいる以上安全だという方はいないはずである。まずは、自分の住んでいる地域（働いている地域）のハザードマップを見ていただきたい。住んでいる市町村のホームページにアクセスするか、浸水想定なら河川を管理している国土交通省や都道府県のホームページからも見ることができるし、どこどこのハザードマップと検索してもすぐに見ることができる。

各市町村が作成しているハザードマップはかなり充実されつつある。大きな河川が氾濫した場合の浸水想定区域だけではなく、内水による浸水想定をしている市町村も多い。浸水想定区域や土砂災害警戒区域のみならず、地震の揺れやすさを示しているハザードマップもある。せっかくの情報である。是非よく見ていただきたい。

このハザードマップを見ると住んでいる場所がいかなる災害との関係で注意しなければならないかがわかるとともに、避難場所（注5－1）も分かる。その上で、避難場所まで歩いてみることである。避難場所へのルート上にハザードはないか、いざとなったら注意すべきことは何かを歩きながら検分することである。浸水時にはアンダーパスは通れない。マンホールや側溝も危険な状況になりうることにも注意する必要がある。また、自分の足では避難場所が遠い、子供を連れてでは難しいということであれば、次善の策として、近くの親類宅や友人宅に避難をすることも考える必要がある。その場合どのようなルートで避難するのが最も安全かも検討してみることである。

（注5－1）避難場所：本書では、基本的には、指定緊急避難場所（切迫した災害の危険から命を守るため緊急に避難する場所。災害ごとに異なり、洪水については小中学校や公民館等の公共施設、土砂災害に対しては堅ろうな公共施設、津波に対しては津波避難ビル等が指定されることが多い。）を指す。このほか、指定避難所（災害時に一定期間避難生活をする場所であり小中学校や公民館等の公共施設が指定されることが多い。）、一時避難場所（災害時に一時的に身を守るための地域の

集合場所。学校のグランド、公園などが指定されることが多い。）、広域避難場所（地震などによる火災が延焼拡大して地域全体が危険になったときに避難する場所で、大規模な公園、団地、大学等が指定されることが多い。）に避難するケースもありうる。

行政側の課題であるが、行政当局としては避難場所に指定するのは基本的には公的施設に限られる。こうした制約の中で、避難場所が浸水想定区域内にあることもある。その避難場所に避難するのがいいかどうか、マンションの浸水する可能性がない階に住んでいる場合には、マンションにとどまることもひとつの手段である。しかし、そのマンションが土砂災害を受ける可能性がある場合は、避難した方がよい。

地震被害が起きた場合には、まず避難場所に行くとしても、自宅の被害が軽微でその後地震が起きたとしても安全と思われる耐震性がある家なら自宅に戻ることも選択肢のひとつである。住んでいる場所がどこかによって、いざという時の対応は当然異なってくる。

さらに、住んでいる場所で過去に災害がなかったかも重要な情報である。倉敷市真備地区でも明治26年に小田川が氾濫する水害があった。住宅地になる前はどんな土地だったかも調べてみるとわかることもある。川だったところ、池だったところは、地盤が弱く、周辺で被害がなくても地震被害を受けやすい。また、地名に災害を想起させる文字がある場合もある。弱点を知ろうというスタンスに立つと分かってくることも多い。

ステップ1－3：いざという時のための身の回りの備えをする。

災害時のための身の回りの備えこそ、市町村が配付する防災の手引き、防災ガイドブック、あるいはホームページなどにわかりやすく記載されている。是非参考にしていただきたい。

地震はどこでも起きると思わなければならない。住んでいる家の安全性の確保は重要である。耐震性があるかないかはよく把握する必要がある。特に重要なことは、寝室における安全確保である。阪神・淡路大震災は、明け方まだ多くの方が就寝中に起きた。熊本地震の2回目の地震は夜中1時半近くに起きた。多くの方が避難所や車の中などにおられたおかげで被害は小さかったが、就寝中にいきなり地震が起きたときのことを想定してほしい。起きている場合と異なり自らを守るのはかなり難しい。したがって、寝室においては、できる限り安全が確保される状況を維持しておくことが重要であり、家具の転倒防止等についても、寝室については特に気を配っていただきたい。家の耐震性が不十分な場合、寝室の寝る場所に耐震シェルターを設置するなどの方法もある。その上で、外に出るためのルートには大きなものを置かないことなどにも注意することである。

地震に限らず大きな災害が起きれば停電する。停電すれば夜は何も見えない。携帯用ランプがあれば便利であるが、なければ懐中電灯で代用することもできる。オール電化の家ではものを温めることもできない。マンションでは水道も出なくなることがありうる。このことを前提に対応する必要がある。

水・食料は、最低3日分は備蓄しよう。横須賀市のソフィアステイシアでは首都直下地震が起きた場合には首都圏全体が相当の混乱状態になることを想定し、最低7日分の備蓄に努めることにしている。冷蔵庫の中の食料は、普通に暮らしている一般家庭であれば3日分くらいはあるはずである。停電により冷蔵庫の機能は失われるが、冷凍庫にあるもの、冷蔵庫にある日持ちしにくいものから順に消費していけばそれなりに食料は確保できる。このほかに、缶詰めやレトルト食品、即席ラーメンなど、簡易に食べることができるものも備蓄しておけば、一定期間なんとか食べていける。

水は意識して備蓄しておく必要がある。水道水を飲み水にしている家庭では特にこのことに留意することである。ガスが使えなくなる場合のことを考えれば、カセットコンロとボンベは必需品である。ペットボトルに水道水を入れて保管することはそう大変なことではないが、エレベーターが止まったマンションの高層階に2ℓのペットボトルを何本も持って上がることは簡単でない。いざという時のことを想定してみるといかなる備えをすべきか自然と頭に浮かぶ。

水が出ず、トイレが使えないことになると、衛生面が課題になる。こうした時、案外ポリ袋も役に立つ。最近では、使いやすい簡易トイレも廉価で販売されている。風呂の水は日頃から入浴前に入れ替えることにしておく方がいい。水道が止まった時の貴重な洗い水となる。被災地ではウエットティッシュが特に重要だったという話もよく聞く。必要な備えをしておいていただきたい。

また、家族間の安否確認ルールを事前に決めておくことも重要である。いざ災害が起きれば、最も気になるのは家族のことである。その無事が確認できれば心も落ち着く。東日本大震災の際、東京及びその周辺は帰宅困難者が大きな課題となった。その反省もあり、今後大きな災害が例えば首都圏であった場合に、交通機関の制約があるなかで自宅に帰るより、むしろ一定期間職場にとどまる選択をしていただくことが適切な場合が多いと想定される。そうした場合には、なお一層安否確認が重要となる。災害時においてもＳＮＳなどにより連絡ができる場合も多いが、大災害ほど通常の手段では連絡しにくくなる可能性が高くなる。災害伝言ダイヤル１７１や災害用伝言板（web171）などの活用について事前に家族間で確認しておくことである。どう使えばいいか実際に試すこともできる。

身の回りの備えは、家の耐震化を除けばそれほど手間のかかることではないし、それほどコストがかかることでもない。キャンプの準備をするようなことである。いざという時を想定をすれば、いかなる備えをすべきかわかることでもあるし、備蓄型の生活の習慣を身に着ければいいことでもある。いざという時に悔やむことにならないように備えておいていただきたい。

ステップ１－４：消防団員になる、防災リーダーを目指す。

ステップ１―３までの備えは、ある意味、いざという時に自分が困らないようにする、人にあまり迷惑をかけないようにすることである。それはそれで重要なことであるが、それだけでは物足りない、いざという時に厳しい状況に置かれている方々や困っている方々を手助けしたいと思う方もいると思う。そういう方には、是非次のステップに進んでいただきたい。

やる気と一定程度の体力がある方には、是非消防団員になることを検討いただきだい。これまで述べてきたように、災害時には消防団員が力になることが多い。常備消防の力が十分でない町村部等においては、消防団が最も頼りになる存在でもある。長く我が国の安全を確保し地域を支えてきた組織でもある。消防団員になれば、団の一員としての訓練にも参加できるし、すぐにでも地域の安全に貢献できる。

消防団は少し古くさいと思う方もおられるかもしれないが、最近では、女性の団員、学生の団員が増えている。通常の団員と異なる対応業務に限定された機能別団員の仕組みが導入されている団も増えてきた。消防庁の検討会において提言された「大規模災害団員」の仕組みを設ける消防団も増えてくると思われる（第4章3（1）参照）。それなら参加したいという方もおられるのではないか。前向きに検討いただきたいものである。

消防団という組織に入ろうとは思わないが、もう少し防災のことを勉強したい、将来的には、地域において防災に貢献したいと思う人も多いと思う。是非防災リーダーを目指して取り組んでいただきたい。

防災士になることも一つの方法である。日本防災士機構が認証した研修機関が実施する研修講座を受講して履修証明を取得し、防災士資格取得試験を受けて合格し、市町村等が実施する救急救命講習を受ければ防災士になることができる。資格を取った方は16万人を超えている（図4－3参照）が、防災士の資格を取った上で様々な防災活動に参加いただければと思う。

最近では、市町村などが防災リーダー育成のためのプログラムを設けているところも多い。例えば仙台市では、平成24年度から仙台市独自の講習カリキュラムにより「仙台市地域防災リーダー（ＳＢＬ）」の養成に取り組んでいる。平成30年（２０１８年）１月現在６５９名（うち女性１７４名）のＳＢＬが活動しており、活動中のＳＢＬに対してもスキルアップ講習会等を行っている。

いざ災害が起きたときには絶対的に人手が不足する。昼間は住所地から遠く離れて仕事をしている人が多い地域で地震が起きれば、対応できる人材は限られる。いざという時に協力いただける人の層を少しでも厚くしていく必要がある。多くの方にこうしたプログラムを通じて防災力に磨きをかけていただきたいものである。

2　地域の防災力を高めていくための取組

住民の方々や各家庭がそれなりに備えていただいただけでは、地域の安全を確保する上では不十分である。それなりの備えをしていたにもかかわらず家具などに挟まれ自力では逃げることができない場合もありうる。車椅子を使っているため停電でエレベーターが動かず避難できないという事態もありうる。大きな災害に対処するには、さらに地域全体の防災力を高めていく取組が必要となる。

日頃の地域の連帯が薄い中で、なんの準備もせず、いざ災害時に協力しようといっても、しなければならないことは何か、誰が何をするのか、役割分担が決まってなければ適切に対処することは難しい。地域で運動会やお祭りなどのイベントを行うには、それなりの準備が必要であるし、役割分担がポイントとなる。災害時は非常事態である。誰しも慌てる事態であり、冷静に対応することが難しい事態である。平常時のイベント以上の準備がなければうまく対応するのは難しい。

「非常時のことは、それぞれに任せよう。いつ起きるかわからないことのために地域の人に負担をかけるのもどうか」と思う方もあるかもしれない。しかし、大きな災害が頻発し災害が拡大傾向にある中、ますます高齢化が進み一人暮らしの高齢者が増えていく状況においては、その時任せというわけにはいかない。いざという時に地域の協力がなかったために命を失う人がいれば、なかなか耐えられるものではないと思う。一歩ずつでも地域の防災力を高める取組を進めていく必要がある。

地域における防災の取組を始めようとすれば、誰かがリーダー的な役割を果たす必要がある。自治会やマンションの管理組合のトップの方が、まとめ役としての立場から、リーダー役を果たしていただければありがたい。しかしながら、トップの方にすべて背負っていただくのも大変である。防災について一定の知識や経験がある方が補佐役として中核的な役割を果たしながら取組を進めていく方法もある。

その上で、できる限り多くの住民の方に参加いただくことがポイントとなる。住んでいる地域の防災上の課題が明確になれば、地域の方々も取組の意義を理解しやすいと思う。「地域の安全は自ら作ることができる」という前向きな感覚で取り組んでいただければと思う。

ステップ2－1：地域において、いざという時のことを想定して議論する。
ステップ2－2：地域防災マップを作成する。
ステップ2－3：地域において、要支援者の対応を検討する。
ステップ2－4：いざという時を想定した訓練を行う。
ステップ2－5：防災先進地域を目指す。

ステップ2－1：地域において、いざという時のことを想定して議論する。

まずは、いかなる災害に気をつけるべきか、地域において検討する場を持つことである。市町村が作成しているハザードマップが参考になる。河川の氾濫が起こった場合どの程度の浸水が想定されるか。地震が起きた場合住んでいるマンションはどの程度の震度まで耐えられるか、地盤が弱く周辺より揺れが大きいと想定されるか、液状化現象が起きる懸念があるか、津波被害が想定されるか。地域の防災上の課題について、同じ地域の住民の間で問題意識を共有することがまずもって重要だと思う。先日ある自治会に伺ったところ、自治会の会合が行われる公民館にハザードマップが掲示されていた。これだけでもそれなりの効果があるのではないかと思う。地域の弱点が分かると、住んでいる方々も災害が「他人事ではない」ことに気づく。

その上で、いざという時にどうすべきか議論いただくことが次のポイントとなる。いざという時のことを考えると不安になる住民の方もいるはずである。議論することで不安が解消されることもあると思う。過去の災害の経験を知っている方の話も参考になるかもしれない。

戸建て住宅が立ち並ぶ地域においては、浸水被害が予想される場合には、早めの避難が必要となる。地震が起きた場合にも避難が必要な場合もある。どこにどのルートを通り避難するか、まずは関係者が集まって確認することである。自分だけで考えるより安心感も生まれると思う。

一定程度情報が共有されたら、第２章２の朝倉市の例のように、そろって避難場所まで実際に歩いてみることである。途中に危険な用水路やアンダーパスなどのハザードはないか、側溝など気をつけるべきものはないか、崩れやすいガケやブロック塀はないか、子供やお年寄りでも避難できるか、などの点について確認することである。

マンションにおいては、浸水被害が予想される場合には、マンションの規模にもよるが、低層階に住む人は浸水可能性がないマンションの共用部分に避難するか、市町村が指定する避難場所に避難するかがポイントとなる。また、住んでいるマンションはどの程度の地震に耐えられるかも、いざという時のことを想定する場合の重要な情報である。マンションに住んでいる関係者間での議論は欠かせない。

一人で備えをするより、地域全体で検討する方が、知恵も浮かぶし、前向きになれると思う。いかなる地域において、いかなる災害を想定するかにより、検討する内容も当然異なるものになるが、各地域でまずは話し合える場を持っていただきたい。

ステップ2－2：地域防災マップを作成する。

ステップ2―1の検討の内容を地図上に示したものを「地域防災マップ」と呼ぶ。この「地域防災マップ」があれば、情報も共有しやすい。「地域防災マップ」という成果物をまとめようとすることで、関係者のモチベーションも上がる。

避難に際し、指定緊急避難所、指定避難所、一時避難所、とりあえずの集合場所などをまずもって確認しておく必要があるが、避難する際に危険性がある場所の把握が特に重要である。浸水の危険がある低地、アンダーパス、危険な用水路、狭い道、崩れそうなガケ、崩れそうなブロック塀、見通しが悪い曲がり角などを確認し、安全性が高い避難ルートを決めておこう。主なハザードの写真も添付しておくと危険性を理解しやすい。

その上で、災害時に役立つ施設等も記入しておくとよい。消防署、交番、病院・診療所、薬局、防災資器材の置き場所、消火器、消火栓、ＡＥＤ（自動体外式除細動器）の設置場所、コンビニ・スーパー、公衆トイレ、公衆電話、避難可能な3階建て以上の建物なども地図上に書き入れておくと便利である。

このマップをパソコンに取り込めば、いかようにも情報提供できる。地域の関係者には是非配付いただいて、役立てていただきたい。平成30年7月豪雨の際、ダムの放流により被害があった愛媛県大洲市三善地区においては、住民一人ひとりが災害・避難カードを携帯して避難したが、住民自らのことに関する名刺サイズのカードと、地域防災マップをコンパクトな内容にした災害・避難カードが地区ごとに配付されていた（図5－1参照）。このことが命を守ることにも効果を発揮した。地域防災マップを作った上でより実践的な対応をするためのアイディアであるが、大いに参考になる取組である。

また、この「地域防災マップ」づくりを、地域における連携のきっかけにすることができれば、なお一層の効果がある。急に浸水した時や、遠い避難場所への避難が難しい場合、市町村が指定する避難場所より、近隣の3階建て以上の施設に緊急避難した方がいい場合もありうる。マップの作成過程において、3階建て以上の施設を持つ地域の事業者の方々にも相談いただけるといい。さらに消防団などとも連携してマップづくりがなされれば、いざという時の連携にも役立つ。

ステップ2－3：地域において、要支援者の対応を検討する。

ステップ2―2までの取組が行われれば、各々の避難の在り方については、かなり理解が進むと思う。その上で地域全体の避難のことを考えてみると、一人では避難することが難しい「要支援者対策」が大きな課題であることに気づく。

第4章3（3）③で述べた通り、市町村が要支援者本人からの同意を得て作成された「要支援者名簿」は、多くの自主防災組織等に提供されているが、手を挙げていない方は含まれていない。いざという時に、地域においてどの方を実際に支援すべきかの確認はやはり必要である。無理強いはできないが、例えば、地域においていざという時の避難等について検討する過程で、あるいは出来上がった地域防災マップを配付すると

図５－１　愛媛県大洲市三善地区の「災害避難カード」の取組

(平成30年７月豪雨による水害・土砂災害からの避難に関するWG資料)

きなどに、支援が必要であるか否か等について個々の住民の方々に確認するなどの取組をしてはどうかと思う。民生委員、ケアマネージャー、社会福祉協議会などの福祉団体との連携も重要である。

また、一人で避難することが難しいとまで言えない方でも、一人暮らしの高齢の方の中には、避難すべきと近隣の方が声かけしたほうがいい方もおられると思う。地域においていかなる対応が必要か、地域の住民の方々の命を守るための検討を進めていただきたい。

要支援者をサポートするためには、要支援者ごとの事前計画が必要となる。誰が誰をサポートするかの役割分担が明確になっていなければならないが、個々の要支援者がどんな課題を抱えているかも踏まえなければならない。仮に地震に見舞われ避難が必要な場合、マンションに住む車椅子を使う要支援者については、エレベーターが動かないわけであるから二人以上のサポートがないと避難できない。そうしたことを踏まえた上で、個々の要支援者ごとにサポート役を決めておく必要がある。地域の実情を踏まえたサポート体制を検討いただければと思う。

図5ー1の三善地区の災害・避難カードは、要支援者のサポート役になる人のカードに、自分がサポートすべき要支援者のことを記入することになっている。この点でもよく工夫された取組であると思う。

こうした要支援者対策のみならず、安否確認を行い地域の状況を把握するための人員も必要であるし、防災機材等について責任をもって管理・調達する人員、負傷者がいた場合に救護するための人員、被害の状況を把握し行政機関等と連絡調整する人員も必要である。役割ごとの班体制と地区ごとの班体制を組むことができれば、組織として機能する。ただ、ボランティアとして対応する役割である。はじめから堅い組織づくりをするより、やりたい役目を果たしてもらうイメージで進めるのがよいと思われる。ソフィアステイシアにおいては、居住者台帳に、自分が役立つ情報（特技、看護師などの資格）を書き入れることにしているのは、こうした意味でもよく考えられた取組であると思う。

ステップ2－4：いざという時を想定した訓練を行う。

日頃やっていないことを、いざという時にやろうというのはなかなか難しい。勉強せずに試験に臨んでも、練習せずに試合に臨んでも、いい結果は得られない。だから、訓練が重要なのである。

多くの人はいざという時のことをあまり経験していない。実際の火災で消火器により消火をしたことがある、ＡＥＤ（自動体外式除細動器）により救命措置をしたことがある、負傷した人を担架で運んだことがある、お年寄りを避難場所までおぶって運んだことがある、地域を駆け回り避難の声かけをしたことがある、避難所の開設をしたことがある、そんな経験をしている人はそう多くはない。消火器による消火ひとつとっても、やってみると案外火点に当てるのが難しいことが分かる。したがって、まずは経験してみるだけでも意味がある。そうした経験をする機会としての訓練を行うことが最初の一歩であると思う。

しかしながら、いざという時を想定してみるとそう単純なことではないことに気づく。例えば、河川の氾濫の危険があるため避難しなければならないとして、まずは行政機関から提供される情報についてどう対応すべきかの判断が必要となる。この判断は誰がするのか。個々の住民に任せるだけでは要支援者が取り残されてしまいかねないので、誰かが情報を整理して一応の判断をすることが望まれる。

指定された避難場所に避難するとして、避難すべきことを地域全体に情報提供するにはどうするか。声かけがあるだけで避難する人の割合は各段に高まるので、できれば各戸にきめ細かく情報提供したい。各戸に伝わる放送設備があるマンションであれば、その放送をもって情報がかなり正確に伝わると思われるが、そこまでの施設が整備されたマンションは限られているし、戸建て住宅が立ち並ぶ地域ではそうもいかない。誰がどの地区の声かけをするかの役割分担を決めていないと難しい。

その上で、要支援者を含めて皆が安全に避難するというのもそう簡単ではない。要支援者のサポートが的確に行われているか、すべての人の避難をどう確認するか、安全なルートを通って避難場所まで避難できるか。

こうして考えてみると、例えば①避難に関する情報の整理と避難にかかる具体的な判断、②この判断を地域の各戸に正確に伝える方法、③要支援者のサポート体制の確認、④地区ごとの避難状況の確認、⑤避難状況も含めた地域全体の情報の集約といったことが必要であることが分かる。その上で、①〜⑤について、誰がいかなる役割を果たすかも重要な要素になる。

こうしたことが適切に行えるかどうかを確認するために行うのが訓練である。①〜⑤を一連の訓練として行うのもひとつの方法であるが、分けて行う方法もある。例えば①については、具体的な場面を想定し、様々な情報が流れているなかでの判断について図上訓練するのも一つの方法である。訓練の形をとらず皆で集まって具体的なケースごとに議論するだけも意味がある。②については、情報が正確に伝わったか、例えば地区ごとのリーダー役が手分けして各戸に声かけをしてみて結果を分析するという方法もある。③については、サポート役が役割を果たせたか、結果取り残された要支援者はいなかったか、サポート体制は十分だったかを確認するための訓練を行えばいい。

これはあくまで一例に過ぎないが、地域で起きうる様々な災害を想定して訓練を行ってみると想定外を減らすことができる。最初から難しい訓練を行う必要はないが、実際には災害は複合的に起きるということを頭におかなければならない。地震が起きれば、建物の倒壊だけでは済まない。場所によっては津波が起きることもあるし、火災が発生することも多い。地域を流れる河川が氾濫する場合には、すでに用水路等の水があふれ内水被害が起きている可能性も高い。訓練を企画するにあたっては、地元の消防本部、消防団に相談するとなお一層効果的である。

訓練の効果を高めるには、①具体的な災害の想定をする、②訓練の目的を明確にする、③訓練の結果を検証することである。訓練そのものが目的なのではなく、いざという時に生かすことが目的なのであるから、結果を検証し、課題を整理し、次につなげ、いざという時に備えていただきたい。地元の消防本部など第3者に訓練の内容や結果を評価してもらうこともひとつの有効な方法だと思う。

最初は訓練を行うことがばかばかしいと思うかもしれないが、やり始めると課題が見つかり、その課題を克服するためにどうするかということを考えていくと、次第に面白くなってくるものである。どういう訓練をするかを考えることが面白くなればしめたものである。それぞれの地域の実情に合わせ、少しでも実践的な訓練を行っていただければと思う。

ステップ2－5：防災先進地域を目指す。

第4章3（3）において、防災の取組が進んでいることにより市場価値が上がったマンションについて紹介させていただいた。不動産の価値は、一般的には、広さ、周辺環境、駅・スーパー・公園・学校からの距離といった物理的要因によって決まるわけだが、安全性は、耐震性などのハード面だけでなく、いざという時に地域において適切な協力体制をとることができるかが、大きく影響する。戸建て住宅による住宅地の場合はマンションほど明確に市場価格に反映されることにはなりにくいかもしれないが、安心して住めるという風聞が人気を呼べば、地域の価値を高めることができる。「防災で有名な○○町○丁目に住んでいるのですか。うらやましいですね。」と言われることがあれば、住んでいる方は悪い気がするはずはない。

防災の取組が進んでいるということは、地域における協力関係がしっかりしているわけであるから、日頃から相互に見守り機能を果たしており、防犯にも効果があるはずであるし、地域における様々な交流が自然になされ、世代間の交流も進んでいる地域のはずである。このことは、いざ災害時でなくても、大きな価値を生む。日々の生活にも安心感が持てるはずである。

我が国を訪れる外国人観光客はすでに年間3、000万人を超えた。我が国で働く外国人の方も急速に増えてくる。こうした外国人との共生を考える上で、行政側が外国語で書かれた防災パンフレットなどの情報提供するだけでは済まない時代になりつつある。こうした新たな課題も念頭においた取組も求められる。

地域の安全・安心は、実は地域の力で作ることができる。我が国の各地で、これまで以上に防災先進地域を目指した前向きな取組が進むことを期待したい。

おわりに

考えてみると「防災」という言葉は変な言葉である。「災害を防ぐ」と書くが、自然災害が起きることを防ぐことはできないからである。そこで災害が起きた時に被害をいかに減らすかが重要であるとして「減災」という言葉が使われ始めたが、どうもインパクトが弱い。前向き感が小さいからなのかもしれない。

できれば、「地震起きるなら起きてみろ、大雨降るなら降ってみろ。必ず命を守る、自分の命だけでなく周りの人の命も。やるべき準備はしっかりしている。」といった姿勢でいたい。

平成30年（２０１８年）の漢字は「災」であった。このことについて、翌平成31年（２０１９年）は災害のない年になってほしいという文章が紙面に踊るとともに、「災い転じて福となす」ということわざに言及する記事も多かった。ただ、このことわざは、「そう悪いことは続かない、災いの後には福が来る」という意味ではあまり使わないのではないかと思う。「災いと思わざるを得ない苦難に遭遇するなかで、その苦しい経験を後の人生に生かしていくことで、むしろ福となる」という意味で使うのが普通なのではないか。来年は災害のないいい年になってほしいと誰しも願うが、願って解決する問題でもない。これだけの災害があったなかで教訓とすべきことは多々あったわけで、せっかくのこの教訓を生かして、いざ災害が起きても被害を最小限化し、少しでも福を勝ち取るように取り組むという姿勢が重要なのではないかと思う。

住民の避難にかかる極めて重要な発令を行う市町村、消防・警察・自衛隊という災害時の実働部隊、災害に関連する情報提供に関し重要な役割を果たす気象庁や河川管理者（国土交通省、都道府県）、緊急消防援助隊の派遣要請や自衛隊の派遣要請を行う都道府県、行政側は、これまでの教訓を生かしてさらに精度が高い取組を進めていかなければならない。しかし、おのずと行政側にも限界があり、いざという時のために、個人としての取組、地域における取組も進めていかなければ、安全は確保できない。

我が国全体を見渡すと、災害は次から次に起きている。しかし、ひとつの地域でそう続いて起きるわけではなく、そういう意味では「災害は忘れた頃にやってくる」ことになる。わが国で相次ぐ災害を「自分のこと」「わが町のこと」と捉え、災害が起きた時のことを想定して前向きに必要な備えをし、安全・安心を勝ち取っていく取組が進むことを期待したい。

すいせんの言葉

災害経験を俯瞰的に学ぶことの大切さ

兵庫県立大学大学院　減災復興政策研究科長・教授　室﨑益輝

次々と大規模な災害が起きる時代を迎えている。南海トラフ地震や首都直下地震といった巨大地震が間もなく起きるといわれている。地球を包むプレートの内部や境界に大きなひずみが溜まっているからである。その歪みの蓄積に関連して、火山の活動も活発化している。災害のリスクは、その地震や火山噴火だけではない。豪雨や台風のリスクも大きくなっている。地球温暖化の影響を受けて、豪雨で降る雨の量も台風で吹く風の速度も大きくなってきているからである。

こうした状況にあって、大規模な災害からの被害を少しでも減らすために、備えを強化しなければならない。覚悟を決めて大災害に向き合い、危機管理や事前減災に真摯に取り組むことが求められている。この危機管理や事前減災では、過去の経験を学び、過去の教訓を生かすことが、欠かせない。というのも、個々の地域や個々の人間にとっては、大災害に遭遇することは滅多になく、その経験不足から同じ過ちを繰り返してしまうからだ。災害対応に不可欠の経験を我が物にするためには、過去の災害に学ばないといけない。

その過去の経験に学ぼうとする時に、何を学ぶかが問題となる。私は、被害発生のメカニズムと被害抑制のマネジメントを学ばないといけない、と思っている。メカニズムでは、災害の種別や地域の違いによって、被害の状況が大きく変わることを学ぶ必要がある。とりわけ、コミュニティの弱さや防災意識の弱さなど、社会経済的条件が被害の発生に関わっていることを学ばないといけない。

その社会経済的条件に関わって、災害に対応する組織や人間のマネジメントに学ぶことが、欠かせない。被害を受けるのも、被害を防ぐのも、被害を拡大するのも、人間だからである。ここでは、とりわけ行政やコミュニティなどの組織としての対応のあり方が問われる。予防段階から応急段階さらには復興段階に至るまでの社会的な対応の是非が問われることになる。それゆえ、大災害時に組織がどう判断し、どう行動したのかを学んで、危機管理のノウハウを蓄積しなければならない。

その社会や組織の災害対応のあり方を学ぶうえでは、災害現場に向き合って、被害軽減のために腐心した指揮官や実践家の経験に基づく提言は、とても大切なものである。被災者の手記に学ぶことも大切だが、リーダーの提言に学ぶことも大切である。リーダーシップのあるべき姿や組織対応のあるべき姿が、そこに示されているからである。そのリーダーからの学び、俯瞰的視点からの学びを、本書は与えてくれる。

本書の著者の青木さんは、消防庁長官として数多くの災害対応の指揮をとり、被災現場での現実を直視されてきた「豊かな経験」を持っておられる。その豊かな経験に加えて、被災者に対する優しい目、災害現象に対する科学的な目を持っておられる。それゆえに、次につながる大切な教訓を引き出し、私たちに語りかけておられる。本書での提言を、次に生かしたいと思う。

ま行

や行

ら行

な行

は行

た行

索　引　INDEX

英数字

あ行

か行

さ行

■著者経歴

青木　信之（あおき　のぶゆき）

昭和57年３月：東京大学法学部卒
昭和57年４月：自治省（現総務省）入省
平成８年４月～埼玉県県民部次長ほか
平成10年４月：埼玉県総合政策部長
平成14年４月：埼玉県副知事
平成15年11月～総務省自治財政局、自治税務局、消防庁で課長職を歴任
平成23年７月：内閣府大臣官房審議官（経済社会システム担当）
（平成24年９月からは地方分権改革推進室次長を兼務）
平成25年８月～総務大臣官房審議官（地方財政や地方税制を担当）
平成27年７月：総務省自治税務局長
平成28年６月：消防庁長官
平成29年７月：退官

イザというとき、命を守るために！
～危機管理・防災のあり方～

定価（本体1,500円＋税）

著　者　青木（あおき）　信之（のぶゆき）

発　行　平成31年（2019年）４月25日（第一刷）
発行所　近　代　消　防　社
発行者　　　三井　栄志

発行所
株式会社　近　代　消　防　社

〒105-0001　東京都港区虎ノ門２丁目９番16号
（日本消防会館内）
ＴＥＬ（０３）３５９３－１４０１㈹
ＦＡＸ（０３）３５９３－１４２０
ＵＲＬ　http://www.ff-inc.co.jp
E-mail　kinshou@ff-inc.co.jp
〈振替　東京００１８０－６－４６１　　００１８０－５－１１８５〉

ISBN978-4-421-00921-7 C0030